초등학교 입학 준비 100일+

초등 교사 부부가 알려 주는
초등학교 입학 준비 100일+

초판 1쇄 발행 | 2023년 7월 25일
초판 3쇄 발행 | 2023년 12월 5일

지은이 | 공혜정, 신재현
발행인 | 안유석
책임편집 | 고병찬
교정교열 | 하나래
디자이너 | 김민지
펴낸곳 | 처음북스
출판등록 2011년 1월 12일 제2011-000009호
주소 | 서울특별시 강남구 강남대로364 미왕빌딩 17층
전화 | 070-7018-8812
팩스 | 02-6280-3032
이메일 | cheombooks@cheom.net
홈페이지 | www.cheombooks.net
인스타그램 | @cheombooks
페이스북 | www.facebook.com/cheombooks
ISBN | 979-11-7022-263-7 13590

우리 아이 초등학교 입학 준비 100일+ 프로젝트!

초등 교사 부부가 알려 주는

초등학교 입학준비 100일+

공혜정 신재현 지음

처음북스

여는 글

우리 부부는 아이들을 가르치고 있는 현직 초등교사입니다. 그리고 올해 중학생이 된 아들과 초등학생인 딸을 키우고 있는 학부모이기도 합니다. 그동안 학교 현장에서 수많은 아이를 만났고 지금도 만나고 있습니다. 우리 부부는 한순간도 학교를 떠나서 살아본 적이 없습니다. 초등학교, 중학교, 고등학교, 대학교를 졸업하고 교사가 되어 다시 초등학교로 출근하는 삶을 살고 있으니까요. 이렇게 평생을 학교에서 살아왔기 때문에 저희에게 학교는 익숙한 곳이지만, 내 아이가 초등학교에 입학할 때의 낯설었던 기분은 아직도 생생합니다.

'내 눈에는 마냥 어린아이 같은데 입학이라니, 과연 잘할 수 있을까?'

설렘보다는 긴장과 걱정이 앞섰던 기억, 아마 우리나라 모든 부모의 마음이 이렇지 않을까요? 아이가 학교에 입학한 후에도 마찬가지입니다. 담임선생님께 전화라도 걸려 오면 가슴이 철렁 내려앉고 두근댑니다. 그러면서 떨리는 목소리로 이렇게 묻고는 하지요.

"혹시 학교에서 무슨 일이 있었나요?"

아이를 학교에 처음 입학시키는 초보 학부모라면 누구나 겪는 과정일 것입니다. 이러한 학부모의 마음을 잘 알고 있기 때문인지 시중에는 예비 초등학생 학부모를 위한 입학 안내서가 많이 나와 있습니다. 우리 부부도 교사이기 이전에 학부모이기 때문에 이러한 책들을 관심 있게 읽어 보았습니다. 책을 보면 배울 점이 많았지만, 한 가지 아쉬운 점도 있었습니다. 그래서 다음과 같은 생각이 떠올랐습니다.

'이렇게 많은 정보를 시기별로 차근차근 알차게 정리하면 더 좋지 않을까?'

이 책은 초등학교 입학을 앞둔 아이의 부모가 알아 두어야 할 정보와 과정을 시기에 맞게 체계적으로 정리한 책입니다. 또한 초등학교에 입학한 후에도 학생과 학부모가 준비해야 할 것과 알아야 하는 내용을 자세하게 소개한 책이기도 합니다. 같은 학부모로서 호흡을 맞춰 차분하고 편안하게 설명하고자 하였습니다. 동시에 교사로서 전문적이며 현장감 있는 최신 내용을 책에 담고자 노력하였습니다.

유비무환(有備無患)이라는 말이 있듯이 책에 소개된 내용을 따라가다 보면 점차 걱정보다는 자신감과 안도감이 차오를 것입니다. 그리고 별다른 어려움 없이 능숙한 학부모가 된 자신을 발견할 수 있을 것입니다. 이 책에는 현장에서 보고 접하는 사실을 바탕으로 교사로서의 교육적 관점과 의견도 함께 실어 두었습니다. 또한 이 책을 읽으며 저자와 편안하게 상담하며 궁금한 것을 질문하고 알아가는 시간이 되시기를 바랍니다.

 우리 부부는 서울에서 10년이 훌쩍 넘는 교직 생활을 뒤로 하고 현재 제주도에서 초등학생들을 만나고 있습니다. 더불어 (남편은) 공립과 사립, 국립까지 다양한 학교에서 근무한 경력이 있으며 (아내는) 초등 1학년을 4년째 담임하고 있습니다. 이렇게 평범하지 않은 경력이 이 책의 깊이를 더하는 데 도움이 되었다고 생각합니다. 이 책이 초등학교 입학을 앞둔 예비 학부모님들에게 믿음직한 길잡이가 되어 줄 것이라고 믿습니다.

이 책을 쓰며 그동안 우리가 가르쳐 왔던 수많은 아이들과 함께했던 학부모님, 동료 선생님들이 생각났습니다. 어쩌면 이 책을 쓸 수 있었던 것도 우리와 만났던 소중한 학생과 학부모님 그리고 선생님들이 있었기 때문일 것입니다. 이 기회를 빌려 그들에게 고마움을 전합니다. 더불어 좋은 기획과 집필 방향으로 출간을 제안해 주신 처음북스 출판사 관계자분들과 고병찬 편집자님, 구준모 팀장님께 감사의 인사를 전합니다.

이 책이 전국의 예비 초등생 학부모님께 도움이 되기를 간절하게 희망합니다.

공혜정, 신재현

이 책을 보는 방법

① 『초등학교 입학 준비 100일+』는 아이를 초등학교에 입학시키기 전부터 보내고 난 후까지의 과정을 총 5단계로 나누어 구성하였습니다. 따라서 목차 순서대로 읽고 준비하시면 아이의 초등입학 준비는 물론 학교 적응까지 완벽하게 대비하실 수 있습니다.

1장
아이를 초등학교에 보내기 200~100일 전에 무엇을 해야 하는지 알 수 있습니다. 한글은 어느 수준으로 알고 있어야 하는지, 수학 능력은 어느 정도로 알고 있어야 하는지, 학교 선택은 어떻게 해야 하는지 등에 관한 내용을 담고 있습니다.

2~3장
입학식을 기준으로 100일 전부터 어떤 서류를 준비해야 하는지, 아이의 생활 태도는 어떻게 교정해야 하는지 등에 관한 내용을 적었습니다.

4~5장
아이가 초등학교에 입학 후 어떻게 적응에 도움을 줄 수 있는지, 어떤 것들을 배우는지, 아이가 초등학교 1학년을 어떻게 보내게 되는지 등을 정리하였습니다.

2 도서 곳곳에는 세세한 팁과 입학 준비에 도움이 되는 상세 정보를 담았습니다. 본문 내용과 함께 읽는다면 초등학교 입학 준비에 더 많은 도움이 될 수 있습니다.

3 '속 시원한 학부모 상담소'에는 저자가 학부모님들과 상담 시 많이 들었던 내용을 정리하였습니다. 해당 장을 통해 평소에 궁금했던 점을 알 수 있습니다.

4 『초등학교 입학 준비 100일+』는 '입학 전 우리 아이 진단 테스트지' 3종을 PDF로 제공하고 있습니다. 간단한 테스트를 통해 우리 아이가 학교 수업에 잘 적응할 수 있는지 알 수 있습니다.

목 차

1장   초등학교 입학 준비 100일+

2장 | **초등학교 입학 준비 100~50day**

3장 | **초등학교 입학 준비 50~1day**

4장　두근두근 초등학교 입학식과 등교

5장　본격적인 초등학교 1학년 과정

Q&A 속 시원한 학부모 상담소

어느덧 아이가 초등학교에 입학할 시기가 되었습니다.
아이가 훌쩍 성장했다는 감동도 잠시,
어떤 것들을 준비해야 하는지 학부모님들은 막막하기만 합니다.
이번 장을 읽으며 차근차근 아이의 초등학교 입학을 준비해 봅시다!

1장

초등학교
입학 준비 100일+

① 초등학교에 입학하면 어떤 것이 달라질까요?

② 한글은 어느 수준으로 알아야 할까요?

③ 수학은 어느 수준으로 알아야 할까요?

④ 우리 아이의 초등학교는 어떻게 선택해야 할까요?

유치원과
초등학교는 다르다

아이가 유치원에 입학한 지 얼마 안 된 것 같은데 어느덧 초등학교에 가게 되었습니다. 드디어 본격적인 공교육에 입문하게 된 것입니다. 하지만 이렇게 감격스러운 기분도 잠시, 내 아이가 초등학교에서 잘 적응할 수 있을지 걱정이 앞서기도 합니다. 우리 아이가 시간에 맞춰 등교할 수 있을까, 딱딱한 의자에 40분 동안 앉아서 공부할 수 있을까, 학교는 이것저것 지켜야 할 규칙이 참 많은데 아이가 잘 따를 수 있을까 이러한 생각으로 학부모님들의 머릿속이 복잡할 수 있습니다.

너무 걱정하지 마세요! 인간은 사회적 동물이라고 하잖아요? 이제 본격적으로 초등학교에 입학한 우리 아이들은 사회생활에 필요한 적절한 규칙을 배우고, 친구와 선생님 등 타인의 인정과 존중을 받으며 성장하게 됩니다. 그리고 다른 친구를 대하는 방법을 배우고 익히면서 각자의 개성과 창의성을 존중하고 타인과 협력하면서 세상을 살아갈 것입니다.

학부모님들은 아이가 처음에 학교에 잘 적응할 수 있도록 도와주세요. 시간이 흐르면서 아이가 학교에 재미있게 다니며 적응하는 모습을 보실 수 있을 겁니다. 아이와 학부모 모두 처음이라 낯선 초등학교, 막연히 두려워하지 마세요. 지금부터 요즘 초등학교는 어떻게 운영되는지 그리고 유치원과는 무엇이 다른지 등 조금씩 알아보겠습니다!

✦ 의무교육의 시작, 등원이 아닌 등교

유치원에 가는 것은 등원, 학교에 가는 것은 등교입니다. 등원의 '원'은 동산이나 뜰을 뜻하는 한자어를 씁니다. 자유롭게 뜰을 노니는 아이들의 모습이 상상되시죠? 반면에 등교의 '교'는 교육을 진행하는 단체나 전문 기관을 나타낼 때 쓰이는 말입니다. 이제 아이들이 본격적으로 규칙이 있는 곳에서 활동을 시작한다는 의미입니다.

동산, 뜰 원

학교 교

현재 우리나라에서는 만 6세부터 6년 동안 의무적으로 초등교육을 시행하고 있습니다. 즉, 유치원은 의무교육이 아니지만, 초등학교부터는 의무교육에 해당한다는 뜻입니다. 의무교육을 받지 않을 때는 내가 가고 싶은 시간에 유치원에 가거나 결석하더라도 사실상 문제 되지는 않습니다. 유치원은 조금 더 자유로운 분위기에서 유아에게 맞는 교육을 진행하는 기관이기 때문입니다.

반면, 학교는 9시까지 등교해야 한다는 규칙이 있습니다. 자율적인 등·하원의 개념보다는 '교육을 받으러 꼭 가야 하는 곳'이라는 개념이 강합니다. 그래서 결석, 지각, 조퇴를 하면 생활기록부에 기록됩니다. 그리고 수업 일수의 2/3 이상을 출석하지 않으면 의무교육을 받지 않은 것이 되기 때문에 별도의 절차를 거쳐야 의무교육을 이수한 것으로 인정해 주는 수고로움이 있습니다.

✦ 큰 책상과 높은 의자가 생겼어요

유치원에는 나무 재질의 낮은 책상과 의자가 아기자기하게 비치되어 있습니다. 책상의 높이도 상당히 낮고 의자 역시 작고 가볍습니다. 좌식 책상이 있는 경우 아이들이 바닥에 편히 앉을 수 있고, 심지어 누워서 뒹굴기도 합니다.

반면 초등학교에는 아이들이 느끼기에 유치원에서 썼던 것보다 더 높고 큰 책상과 의자가 있습니다. 심지어 이 의자에 40분 동안 앉아 있어야 합니다. 학부모의 입장에서 우리 아이가 의자에 40분간 앉아 있어야 하는 상황을 견딜 수 있을지 걱정이 될 수 있습니다.

하지만, 크게 걱정하지 않으셔도 됩니다. 유치원에서도 비슷한 과정(자리에 앉아 선생님의 이야기에 귀를 기울이는 시간)을 잘 거쳐 왔기 때문에 초등학교에서도 쉽게 적응할 수 있습니다. 다만, 유치원보다 집중해야 하는 시간이 더 길어져서 시간이 지날수록 집중력이 떨어지는 모습을 보이기도 합니다. 이 역시 입학 초기에 적응을 잘 도와주면 나중에는 40분이 어떻게 지나갔는지도 모르게 집중하고 있는 아이의 모습을 보실 수 있습니다.

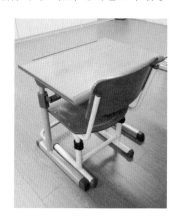

바른 자세로 의자에 앉기!

학교생활에서 아이들이 어려워하는 것은 바른 자세로 자리에 앉는 것입니다. 허리를 바르게 세우고 엉덩이를 의자의 등받이 있는 부분까지 깊숙하게 붙이고 앉는 것, 다리를 11자로 잘 내리는 것 등을 어려워합니다. 특히 요즘은 허리가 굽거나 목이 앞으로 나와 있는 아이들이 많이 보입니다. 또한, 유치원에서 주로 좌식 책상에서 생활했던 것이 익숙한 친구들은 초등학교에 와서 의자에 앉아서도 일명 '아빠 다리'로 앉는 경우가 꽤 보입니다. 시간이 지나면 점차 익숙해지지만, 척추 건강과 바른 체형을 위해서라도 학기 초 담임선생님들께서는 바른 자세를 강조하는 편입니다.

✦ 큰 건물과 많은 교실 그리고 친구들과 선배들

초등학교는 유치원보다 건물이 크고 교실의 개수가 많습니다. 우리 반 교실뿐만 아니라 옆 반 교실, 교무실, 다양한 특별실(보건실, 컴퓨터실, 과학실, 상담실, 급식실, 도서관 등)이 있습니다. 아이들은 자신들이 더 큰 세계에 들어오게 되었음을 실감하며 설레는 감정을 표출합니다. 반면 어디가 어딘지 모르겠다며 무섭다고 울먹이는 아이들도 있지만, 이 역시 시간이 지나면 자연스럽게 해결됩니다.

한 교실 안에서 30명(학교마다 차이가 있겠지만, 일반적인 대규모 학교의 경우 25~30명 남짓)에 가까운 아이들이 함께 공부하고 생활합니다. 이때부터 유치원에서보다 훨씬 더 많은 친구들을 접하게 되는데, 조금 더 넓은 사회로 뛰어들게 되는 변화의 시기로 느껴질 것입니다. 또한 초등학교는 1학년 아이들뿐만 아니라 2~6학년 선배들까지 있습니다. 키도 크고 자신보다 똑똑한 선배들을 보면서 '나도 저 형처럼 크고 싶다.'라고 생각하거나 '저 언니 말하는 모습이 정말 당당하고 멋지다!'라고 느끼면서 모델링(Modeling, 닮고 싶어 하는 것)을 하기도 합니다.

✦ 초등학교 선생님과 유치원 선생님의 차이점

"유치원 선생님은 아이에 대해 잘 이야기해 주시는데, 초등학교 선생님은 우리 아이에게 관심이 적은 것 같다."라는 어느 학부모님의 이야기를 들은 적이 있습니다. 아이에 대해 세세하게 이야기해 주고 고민도 나누던 어린이집이나 유치원 선생님과 달리, 초등학교 선생님은 별다른 이야기를 해 주지 않고 거리감이 느껴진다는 것입니다. 하지만, 오해하지 마세요. 초등학교 선생님들 역시 아이들이 원활하게 학교생활에 적응할 수 있도록 이리 뛰고 저리 뛰며 고군분투하고 있습니다.

다만 유치원 때는 선생님들이 이것저것 챙겨 주는 부분들이 많았다면, 초등학교에서는 자기 스스로 해야 함을 좀 더 강조하고, 본격적으로 학습을 시작합니다. 때문에 아이들은 자기 관리를 스스로 하면서 친구도 사귀고 동시에 공부도 해야 합니다. 초등학교 선생님들은 아이들이 학교생활을 하면서 스스로 해내는 힘을 기르는 것을 좀 더 강조하여 지도하기 때문에 유치원처럼 세세하게 챙기지는 않는 편입니다. 그렇다고 해서 아이를 아끼고 사랑하는 마음이 덜한 것은 아닙니다. 아이들은 초등학교 선생님과 함께, 새로운 공간에서 한층 더 성장하고 더 강인해질 것입니다.

✦ 학교는 뭐든지 스스로 해야 한다!

유치원은 교육의 개념 못지않게 보육의 개념도 강합니다. 따라서 유치원 선생님들은 아이들을 잘 교육해 주시는 동시에 잘 보살펴 주십기도 합니다. 투약 의뢰서를 써서 가방에 넣어 주면 시간 맞춰

약도 먹여 주시고, 화장실 용변 처리가 어려운 친구들은 화장실도 같이 가 주시고 옷도 갈아입혀 주십니다.

반면 초등학교는 교육 기관의 역할을 가장 우선순위에 둡니다. 초등학교의 담임선생님들은 아이들이 학교에 잘 적응할 수 있게 도와주며 본격적인 학습을 진행하는 데 몰두합니다. 따라서 유치원처럼 돌봐 주는 역할의 비중이 약해집니다. 이제 이런 일은 아이 스스로 할 수 있는 연령대가 되어 학교에 왔으니, 학습과 생활지도를 더 중점적으로 해야 한다고 생각하는 것입니다.

그러나 학부모님의 마음은 아이가 아무것도 못 할 것 같아서 불안하실 겁니다. 그리고 담임선생님께서 신경을 안 써 주시는 것 같

보건실에서는 약을 받을 수 없어요!

학교에서는 원칙적으로 학생에게 임의로 약을 투여할 수 없습니다. 그래서 학교에서 아이가 열이 난다고 해도 보건 선생님께서 해열제를 임의로 처방하여 먹일 수 없습니다(보호자에게 연락해서 보호자가 직접 아이를 병원에 데려가는 것이 원칙입니다. 보호자가 당장 데려갈 수 없어서 해열제 투여에 동의한 경우에만 먹일 수 있습니다.).

만약, 아이가 약을 먹어야 하는 상황이라면 의사 선생님과 상담하여 아침과 저녁에만 먹어도 되는 약으로 처방받는 게 좋습니다. 만약 점심 약이 있다면, 아이에게 잘 일러두어 "점심 먹고 이 약을 꼭 스스로 챙겨 먹으렴." 하고 말해 주세요. 그래도 불안하시다면 담임선생님에게 "아이가 스스로 약을 챙겨 먹을 수 있게 한 번만 봐주세요."하고 메시지를 남겨 주시면 좋습니다.

아 섭섭한 마음이 들 수도 있습니다. 하지만 이는 유치원에서 초등학교로 넘어가는 시기에 일시적으로 생기는 걱정입니다. 비록 처음에는 불안해 보이지만, 학교에 점차 적응하기 시작하면서 스스로 척척 해내는 아이의 모습을 보실 수 있습니다.

✦ 미리 준비하고 정해진 시간 안에 해야 해요!

어린이집이나 유치원에서는 블록 타임으로 크게 자유 놀이 시간, 점심시간, 낮잠 시간 등을 운영합니다. 반면, 초등학교는 매시간 '교시'가 있습니다. 아이들에게는 교시라는 말은 초등학교에서 처음 듣는 단어일 것입니다. 초등학교의 한 교시당 수업 시간은 40분으로, 아이들은 이 시간에 선생님과 함께 다양한 학습을 합니다. 그리고 쉬는 시간(10분)에는 화장실에 다녀오거나 다음 수업을 미리 준비하면서 머리를 식히는 시간으로 활용합니다. 따라서 아이들이 이러한 시간관념에 적응하는 과정이 필요합니다.

유치원에서는 자유롭게 화장실을 오갈 수 있지만, 초등학교에서는 각 교시가 진행되는 공부 시간에는 화장실에 가지 말라고 지도합니다. 교시별로 진행되는 공부 시간에 자유롭게 화장실에 가게 되면 수업이 제대로 진행되지 않기 때문입니다. 중요한 내용을 설명하고 있는데 1~2분 간격으로 20명 가까운 아이들이 너도나도 "화장실 갔다 올게요!"라고 하기 때문이지요.

따라서 처음부터 '공부 시간에는 웬만하면 화장실에 가지 말고, 미리 쉬는 시간에 갔다 오기'라고 약속을 정합니다. 실제로 입학 초기 아이들은 이 부분에 대한 두려움이 꽤 있습니다. 만약 쉬는 시간에 화장실에 갔다 왔는데도 공부 시간에 급하게 화장실 가고 싶을 때는 조용히 손을 들고 "선생님, 화장실 급해요."라고 말한 뒤 선생님의 허락을 구하고 다녀와야 한다고 알려 줍니다. 이러한 방식이 익숙해지면 보통 수업 시간에 1~2명의 아이만 조용히 화장실에 다녀오고 수업은 원활하게 진행됩니다. 이렇게 상황에 알맞게 융통성을 가지고 생활하는 것, 간단해 보이지만 아이들에게는 꽤 큰 변화이니 집에서 미리 알려 주는 것이 좋습니다.

또한 각각의 교시마다 공부량이 정해져 있습니다. 40분 수업이

아이가 화장실 사용을 어려워해요!

초등학교에서는 용변을 실수하는 친구들이 간혹 있습니다. 아이가 화장실을 사용하기 어려워한다면 담임선생님께 이야기해 주시고 사물함에 갈아입을 수 있는 옷을 미리 비치해 두는 것이 좋습니다. 그리고 평소에 집이 아닌 다른 공공 화장실에서도 용변을 보는 연습을 하면서 편안한 마음으로 화장실을 쓸 수 있게 도와주세요.

유치원에서는 대부분 여벌 옷을 두는 반면 초등학교에서는 1~2명 정도를 제외하고는 용변 실수가 없는 편이긴 합니다. 간혹 용변을 참고 집에 가서 해결하려 하는 아이들이 있습니다. 이는 좋지 않은 습관으로 건강을 해칠 수 있으니 바로잡을 수 있도록 연습해 두는 것이 좋습니다.

끝나기 전까지 과제물을 열심히 해서 제출해야 하지요. 국어 시간에는 국어 학습을, 수학 시간에는 수학 학습을 정해진 시간 안에 해내야 합니다. 이렇게 무언가를 할 때 시간 내에 해야 하는 것도 유치원과는 다른 점이지요. 처음에는 어느 정도의 시간이 주어지는지 감이 오지 않아 다 끝마치지 못하는 친구들이 꽤 있지만, 점차 적응하고 나면 정해진 시간 안에 집중해서 다 할 수 있습니다.

✦ 학교가 끝나면 어디로 가야 할까요?

유치원에서는 부모님이나 보호자가 직접 데리러 와야 아이를 하원시켜 줍니다. 하지만, 초등학교는 수업이 끝나면 아이들이 스스로 하교합니다. (돌봄교실을 제외하고는) 부모님이 오실 때까지 선생님께서 아이를 맡아 주지 않습니다. 전업주부들 사이에는 우스갯소리로 '아이를 학교에 보내고 잠깐 집안일을 했는데, 아이가 집에 올 시간이 다 되었더라.'라는 이야기도 있습니다.

간혹, 1~2분 정도 늦어서 허겁지겁 아이를 데리러 학교 앞에 나갔다가 엇갈리는 바람에 아이가 사라져서 이리저리 찾으러 다니기도 합니다. 따라서 학교가 끝나면 어떻게 해야 하는지를 아이가 알고 이해해야 합니다. 초기 적응 기간에는 보호자가 아이를 데리러 오는 것이 좋습니다. 시간이 조금 늦어서 약속 장소에 부모님께서 나와 있지 않으면 아이가 그 자리에서 기다릴 줄도 알아야 합니다.

혹시 시간이 꽤 지났는데도 부모님이나 보호자가 나타나지 않으면 다시 담임선생님께 가서 도움을 요청해야겠다고 아이가 판단해야 합니다. 이렇게 하교 방법을 알려 주고 적응하다가 점차 혼자서 학교를 오고 갈 수 있도록 하면 자립에 도움이 됩니다. 아이들도 유치원 때와는 다르게 자기 스스로 집에 갈 수 있다는 것을 상당히 뿌듯해하고 신기해합니다.

맞벌이 가정이라 하교 시간에 데리러 올 보호자가 없을 경우에는 돌봄교실을 이용하는 것이 좋습니다. 아니면 집 근처에 아동 센터, 공부방, 학원 등을 아이가 스스로 다닐 수 있도록 가는 길을 미리 알려 주고 연습해야 합니다. 혼자 가는 것이 아직 겁이 난다면 아이를 데리러 오는 학원의 선생님이나 아이 돌보미 등의 도움을 받는 것이 좋습니다.

✛ 본격적인 학습의 시작

진짜 '공부'라고 할 만한 학습이 시작되었습니다. 드디어 국어, 수학이라는 정식 과목명을 가진 교과를 공부합니다. 과목별로 교과서도 받습니다. 아직 삐뚤삐뚤하지만 교과서에 내 이름도 적고 열심히 공부해 보겠다고 다짐하는 아이들의 모습이 참 귀엽기도 합니다.

아이들도 초등학교에 입학하게 되면 스스로 느끼게 됩니다. 학교에 들어가면 유치원과 달리 진짜 공부를 시작하게 된다는 것을요. 그래서 이에 대한 묘한 기대감과 긴장감이 공존하게 됩니다. 이 시기에 대부분의 아이들은 초등학교 공부에서 배움의 즐거움을 느낍니다. 유치원에서 해 보지 못한 새로운 학습을 시작하고 해내면서 자신이 한 뼘 성장했다는 뿌듯함을 느끼기 시작하지요.

하지만 간혹 학습에 어려움을 느끼고 스트레스를 받는 아이들도 있습니다. 우리 아이가 본격적인 학습을 안정적으로 시작하기 위해 어떤 준비를 하면 좋을까요? 이는 아이의 성격이나 성향에 따라 달라집니다.

낯선 상황에 처했을 때 걱정이 많고 소심한 성향의 아이는 집에서 미리 예습해 볼 것을 추천합니다. 어떤 걸 배울지 접해 본 후에 학교 수업에서 다시 한번 배우면 자신감 있게 학습을 시작할 수 있습니다. 반면에 새로운 것에 대한 호기심이 많지만 금방 흥미를 잃는 편인 아이는 미리 선행 학습을 하지 않는 게 더 좋습니다. "시시해요~", "이미 다 알아요~"라고 말하면서 학습 의욕이 떨어질 수 있기 때문이지요. 이런 아이들은 학습 내용을 미리 접하거나 학습지를 하는 것보다는 독서를 하거나 생활 속 경험 지식을 쌓아 두는 정도로 준비하면 됩니다.

1학년의 학습 내용은 우리 생활과 가까운 내용으로 구성되어 있습니다. 따라서 일상 속에서 접하는 내용을 잘 알고 이해하고 있으면 그것이 자연스럽게 학습으로 연결됩니다.

✦ 초등학교 1학년 교육과정 미리 보기

초등학교 1학년 교육과정은 크게 교과 활동(국어, 수학, 바른 생활, 슬기로운 생활, 즐거운 생활)과 창의적 체험활동(자율 자치, 동아리, 진로 활동)으로 구성됩니다.

교과 활동

교과 활동에서 국어와 수학은 각각의 교과서가 있습니다. 국어는 국어 교과서와 국어 활동책, 수학은 수학 교과서와 수학 익힘책을 가지고 공부합니다. 반면 바른 생활, 슬기로운 생활, 즐거운 생활은 '통합교과'라는 과목으로 합쳐서 가르칩니다. 통합교과란 여러 가지 대주제를 가지고 이를 중심으로 세 교과를 합쳐서 가르치는 과목을 말합니다. 예를 들어 '봄'이라는 대주제를 공부한다면 다음과 같은 식으로 수업이 진행됩니다.

바른 생활
봄 소풍을 갔을 때 지켜야 할 바른 행동 알기

슬기로운 생활
봄에 볼 수 있는 동식물을 관찰하고 분류하기

즐거운 생활
봄의 특징이 드러나는 아름다운 작품 만들기

창의적 체험활동

창의적 체험활동은, 보통 줄여서 '창체'라고 말합니다. 1년에 걸쳐 아이들에게 필요한 교육을 다양하게 편성합니다. 안전교육, 독서교육, 정보윤리교육, 학교폭력 예방교육, 장애이해교육, 보건교육, 영양교육, 성교육, 통일교육, 흡연예방교육, 진로교육 등이 골고루 이루어지도록 구성된다고 생각하면 됩니다.

교육과정	1학기	2학기
교과 활동	- 국어 1-1, 국어 활동 1-1 - 수학 1-1, 수학 익힘 1-1 - 통합(바른 생활, 슬기로운 생활, 즐거운 생활)	- 국어 1-2, 국어 활동 1-2 - 수학 1-2, 수학 익힘 1-2 - 통합(바른 생활, 슬기로운 생활, 즐거운 생활)
창의적 체험 활동	- 우리들은 1학년(1학년 첫걸음) - 자율 자치 활동, 동아리 활동, 진로 활동	- 자율 자치 활동, 동아리 활동, 진로 활동

진짜 공부가 시작되는 초등학교
국어편

초등학교에 입학하면 본격적으로 교과 공부가 시작됩니다. 그중에서도 가장 중요하고 기본이 되는 것은 국어입니다. 국어는 우리나라 말, 즉 모국어이고 이 모국어를 바탕으로 모든 학습이 이루어지기 때문에 한글을 떼는 것은 앞으로 배우게 될 모든 공부의 기초작업입니다. 그래서인지 한글을 떼는 것이 그야말로 초등학교 1학년 학생의 최대 미션처럼 여겨지기도 합니다.

그렇다면 우리 아이가 초등학교에 입학하기 전에 한글은 어느 수준까지 공부하면 좋을까요? 예비 초등생을 자녀로 둔 학부모님들의 최대 고민인 한글 떼기, 그 궁금증을 속 시원하게 풀어드리도록 하겠습니다.

⊹ 초등학교 입학 전 최대 미션, 한글 떼기!

초등학교 입학 전에 무조건 한글을 완벽하게 떼고 들어가야 한다는 압박에 무리하게 사교육을 하는 경우가 있습니다. 하지만 아이마다 한글을 습득하는 속도가 다르므로 꼭 한글을 떼고 입학해야 한다는 조급함으로 아이에게 스트레스를 줄 필요는 없습니다.

이와 반대로 '학교 가면 한글 다 떼 주는데, 굳이 집에서 할 필요 있나요?'라는 마음으로 한글 공부에 전혀 신경 쓰지 않는 것도 좋은 방법은 아닙니다. 한글은 언어이기 때문에 학교에서 이루어지는 학습만으로는 부족합니다. 가정에서도 지속적으로 한글을 접하고 미리 공부해야 합니다. 집에서 책을 읽는 습관이 부족하거나 평소 한글을 자주 접하지 않은 채 입학하게 되면 아이가 학습 전반에 어려움을 겪게 됩니다. 또한, 성취감보다는 좌절감을 더 크게 느껴 자신감이 떨어집니다. 특히 국어는 향후 모든 학습과 사고의 기초가 되는 언어이기 때문에, 한글을 자유롭게 읽고 쓸 수 있는 능력이 현저히 떨어지게 되면 생활 속 표현이나 문제 해결이 어려워지기 때문에 아이가 힘들어할 수 있습니다.

한글 읽기

초등학교 입학 전 한글 읽기 능력은 평소에 꾸준히 책 읽기, 생활 속 간단한 읽기 연습 등을 통해 한글로 된 단어를 50~80% 정도는 무난하게 읽을 수 있도록 지도해 주세요. 그 정도면 초등학교 입학 이후에 1학기 국어 수업 시간에 학교에서 한글을 배우면서 대부분의 아이들이 한글을 100% 수준으로 정확하게 읽을 수 있게 됩니다. 또한 1학년 1학기의 국어 교육과정은 한글의 원리와 발음까지 체계적으로 가르치기 때문에 아이들이 단순히 책 읽기로 습득했던 한글의 원리와 구조에 대해 더 자세히 알게 되고, 한글 공부에 재미와 성취감을 느끼게 되며, 친구들과 함께 한글 공부를 하면서 자극을 받기 때문에 학습 속도가 더 향상되는 효과가 있습니다.

한글 낱글자를 떼는 효율적인 과정

1단계 기본 모음: ㅏ, ㅑ ~ ㅣ

2단계 기본 자음: ㄱ, ㄴ, ㄷ, ㄹ ~ ㅎ

3단계 겹자음: ㄲ, ㄸ, ㅃ, ㅆ, ㅉ

4단계 기본 자모음 결합: 가, 소, 푸, 히, 뼈

5단계 받침 있는 글자: 강, 별, 산

6단계 복잡한 모음 글자: ㅒ, ㅖ, ㅟ, ㅞ, 돼

7단계 복잡한 받침 글자: 많, 넓, 밝

보통은 위의 7단계 중에서 4~5단계 정도까지 알고 읽을 수 있는 선에서 입학하는 것을 추천합니다. 그러면 1학년 1학기 끝나갈 무렵까지 한글을 모두 학습하면서 한글을 유창하게 읽을 수 있는 수준까지 갈 수 있습니다.

무엇보다 이 단계를 거치지 않고 통 글자로 읽을 수 있는 한글 단어도 많이 생기는데, 이는 후에 낱글자 한글 학습에서 자신감을 주는 요소가 됩니다.

예를 들어, 받침 있는 글자를 잘 모르는 아이일지라도 가방이 그려진 그림을 보고 옆에 '가방'이라는 글자가 적혀 있으면 받침이 있더라도 '가방'이라고 읽을 수 있는 것이지요. 평소 가방을 자주 접해 보았기 때문에 'ㅇ' 받침을 모르더라도 눈치껏 '가방이겠구나!'라고 단어를 통으로 인식하고 읽는 방식입니다. 이런 식으로 문자와 그 문자의 의미를 함께 이해하며 꾸준히 접해 보면 한글 떼기에 많은 도움이 됩니다.

3년간의 마스크 생활로 발음이 뭉개진 요즘 아이들

최근 입학한 1학년 학생들은 코로나19로 약 3년간 유치원이나 어린이집에서 마스크를 쓰고 생활한 친구들입니다. 그러다 보니 어린이집이나 유치원 선생님이 보여 주는 정확한 발음의 입 모양을 보고 자연스럽게 한글 발음을 터득할 기회가 부족했습니다. 그래서 요즘 1학년 학생들의 한글 발음의 정확도가 이전 학생들보다 현저히 떨어지는 경향이 있다는 걸 최근에 알게 되었습니다. 특히 받침 있는 글자의 발음이 굉장히 부정확한 모습이 많이 관찰됩니다.

어쩔 수 없는 시대적 상황이었지만, 지금이라도 가정에서 아이가 입 모양을 보고 정확한 한글 발음을 익힐 수 있도록 도와주세요. 또한, 거울을 보고 자기 입 모양을 확인해서 정확한 발음을 연습할 수 있게 해 주세요.

가정에서는 평소에도 책을 읽는 습관을 들여 한글을 자연스럽게 접하는 것이 좋습니다. 하루 10분, 부모가 옆에서 동화책을 읽어 주는 것은 아주 중요합니다. 아이가 잠자기 전에 10분 정도 책을 읽는 습관을 들일 수 있게 해 주세요. 한글 떼기는 물론, 계속해서 아이의 뇌 발달과 학습 능력 향상에 기본 바탕이 되어 줄 것입니다.

또한 평소에 생활하면서 지나가는 간판이나 물건에 쓰여 있는 단어를 읽게 해 보는 것도 좋은 경험이 됩니다. 부담 없이 아이와 함께할 수 있는 한글 놀이가 되겠지요? 이런 식으로 간판 읽기, 과자봉지의 글자 읽기, 그림책 제목 읽기, 집에 있는 물건에 포스트잇으로 단어 카드 만들어 붙이기 등 재미있는 한글 놀이를 통해 아이가 일상에서 한글을 눈에 익히고 한글과 친해질 수 있도록 지도해 주세요.

한글 쓰기 ①: 바르게 연필 잡기

연필을 바르게 잡는 방법은 어릴 때부터 집에서 알려 주셔야 합니다. 아이들 중에 이미 잘못된 방법으로 연필을 잡는 습관이 든 채 입학하는 아이들이 종종 있습니다. 이미 3~4살쯤부터 어

바른 연필 잡기

린이집이나 유치원에서 색칠 공부나 그림 그리기를 하면서 색연필이나 크레파스를 사용하게 됩니다. 이 시기에 연필을 처음 접할 때부터 바르게 잡고 사용하는 방법을 아이에게 알려 주는 것이 중요합니다.

색연필도 연필과 마찬가지로, 처음에 그림을 그리기 시작하는 시기부터 조금씩 바르게 잡는 방법을 알려 주고 시작하는 게 좋습니다. 연필을 잡는 자세가 바르게 잡혀 있으면 입학 후에도 한글 쓰기 지도가 훨씬 더 수월합니다. 반면 잘못 길들여진 자세가 굳어진 학생들에게 한글 쓰기를 지도할 때는 어려움이 많습니다.

잘못된 연필 잡기

연필을 잡는 법이 잘못되어 있다면 연필 교정기를 사용하여 교정해 주는 것이 좋습니다. 연필 교정기는 각각의 손가락이 알맞게 위치하도록 자리를 잡아 주는 도구입니다.

연필 잡기 교정 기구

한글 쓰기 ②: 바른 획순으로 쓰기

아이에게 한글을 획순에 맞게 쓰는 연습을 시켜 주세요. 연필을 잡는 법도 잘못되어 있는 데다 잘못된 방법으로 쓰는 습관이 생긴 채 입학하는 학생들의 경우에는 이를 바로잡도록 지도하기가 굉장히 어렵습니다. 입학하기 전 한글 쓰기를 어설프게 접해 본 아이들은 한글을 쓰는 획순을 무시하고 그림을 그리듯이 글자를 쓰기도 합니다.

혹시 획순이 꼭 중요하진 않다고 생각하시나요? 획순을 지키지 않는다고 문제가 생기지는 않지만, 획순이 있는 이유는 그것에 맞게 썼을 때 글쓰기가 가장 효율적이기 때문입니다. 한글은 왼쪽에서 오른쪽으로 자음과 모음이 만나거나 위에서 아래로 자음과 모음 그리고 받침 글자가 만나 하나의 글자를 형성합니다. 이 글자들을 왼쪽에서 오른쪽으로 계속 이어 붙여 가며 문장을 생성합니다. 이렇게 쭉 나열하다가 한 줄이 다 차면 아랫줄로 내려가서 다음 글자가 이어집니다. 따라서 한글을 쓸 때도 그것에 맞게 왼쪽에서 오른쪽, 위에서 아래로 가는 획순을 기본 규칙으로 하고 있습니다. 이 규칙을 벗어나면 자연스럽게 글을 쓰지 못하고, 쓰다가 되돌아가게 되기 때문에 비효율적입니다. 즉 글을 쓸 때도 자신의 생각을 글로 빠르게 표현해 내는 데 시간이 오래 걸리게 됩니다. 그래서 처음부터 획순에 맞게 쓰는 습관을 들이는 것이 중요합니다. 입학하고 나면 획순을 다시 한번 강조하며 지도하지만, 이미 잘못된 습관이 굳어진 아이들의 습관을 고쳐 주는 것은 생각보다 어렵습니다.

10칸 쓰기 공책 활용하기

문구점에서 10칸 쓰기 공책을 사서 미리 한글 쓰기를 연습하는 것도 좋습니다. 이 공책을 구입하실 때 쓰는 칸 안에 십자 형태로 점선이 있는 공책을 구입해 주세요. 그래야 아이들이 한 칸의 가운데 부분에 잘 맞춰서 쓰기 연습을 할 수 있습니다. 이렇게 쓰기 공책을 마련하고 가운데를 중심으로 글자가 한 칸에 충분히 크게 차지하도록 쓰는 연습을 시켜 주세요.

한글 자음 획순

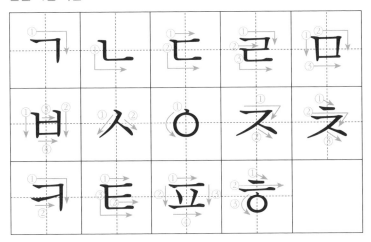

한글 모음 획순

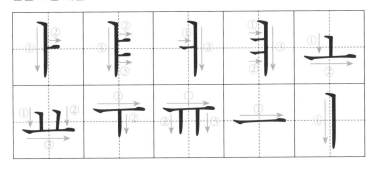

한글 단어 쓰는 순서(1)

한글 단어 쓰는 순서(2)

↔ 한글 학습에 도움이 되는 자료

한글 떼기 추천 도서	받침 없는 한글 동화 시리즈, 받침 배우는 한글 동화 시리즈 	한글을 공부하면서 단계별로 읽기 독립(혼자 스스로 책을 읽고 내용을 이해하는 것)을 시키는 데 최적화된 동화책입니다. 아이들이 이야기를 스스로 읽어 낼 수 있다는 도전 정신으로 재미있게 접할 수 있습니다.
	아하! 한글 만들기 시리즈 	한글 자모음과 받침의 결합에 따라 달라지는 글자의 발음과 활용까지 체계적으로 알려 주는 한글 떼기 시리즈입니다.
한글 떼기 추천 교구	해피 이선생 한글 자석 + 자석 칠판 	아이들이 직접 손으로 한글 자모음을 결합해 보며 즐겁게 한글 공부할 수 있는 여러 교구 중에 아이들 손으로 잡기 가장 편한 교구입니다.
한글 떼기 추천 콘텐츠	한글이 야호 (EBS 교육 방송)	이야기를 들려주며 단어를 학습하기 때문에 아이들이 즐겁게 한글을 뗄 수 있습니다.

진짜 공부가 시작되는 초등학교
수학편

우리나라 중고등학교 학생들에게 가장 어렵고 힘든 과목이 무엇일까요? 그것은 단연 수학이 아닐까 싶습니다. 수학을 좋아하는 학생도 있지만, 그런 학생들이 특별하게 여겨지는 이유는 역설적으로 수학이 그만큼 어렵고 까다로운 과목이라는 뜻입니다.

수학은 단계형·심화형의 과목입니다. 덧셈을 모르면 곱셈을 이해할 수 없고, 뺄셈을 모르면 나눗셈을 이해할 수 없습니다. 분수를 이해해야 소수를 이해할 수 있으며 소수 첫째 자리를 이해해야 둘째 자리를 이해할 수 있습니다. 이러한 이유로 수학은 초등학교 때부터 계단을 오르듯이 차근차근 학습해야 합니다. 더욱이 초등학교 1학년 학생에게 수학이 중요한 이유는 초등학교 1학년부터 고등학교 3학년까지 이어지는 12년에 걸친 긴 여정의 시작점이기 때문입니다. 수학을 어려운 과목이라고 생각하는 아이의 인식을 바꿔 주기는 어려운 일입니다. 이러한 이유로 초등학교 1학년의 수학은 철저하게 재미와 흥미를 기초로 해야 합니다. 우리 학생들에게 가장 중요하면서도 어려운 과목인 수학, 그 시작을 어떻게 해야 할지 한 번 생각해 볼까요?

✦ 수학, 선행 학습이 필요할까?

"옆집 아이는 벌써 구구단도 외운다던데, 우리 아이는 아직도 뺄셈에서 헤매고 있다니 어쩌지?"라는 생각은 위험합니다. 수학이야말로 학습 단계별로 진도가 눈에 잘 보이고, 문제를 빠르고 정확하게 푸는 스킬이 중요하다고 생각하여 선행 학습을 많이 하는 교과 중 하나입니다. 하지만 자칫 잘못하면 모래성 위에 집을 짓는 격이 되기 쉽습니다. 진도를 빨리 나가는 게 중요한 것이 아니라 하나를 알더라도 처음부터 제대로 개념을 잡고 가는 것이 중요합니다.

초등학교 1학년 때 배우는 수학은 크게 어려운 것 없고 아이들도 자신만만합니다. 기껏해야 뺄셈이 빨리 안 돼서 열 손가락을 사용해야 한다는 정도의 어려움밖에는 없지요. 2학년, 아니 3학년까지도 괜찮습니다. 그러다 초등학교 4학년에 올라가면서 복잡한 나눗셈과 분수 계산이 나오고 5학년 때 약분, 통분, 최대공약수, 최소공배 수 등의 개념이 등장하면 아이들이 수학을 힘들어하기 시작합니다. 이는 수학이 연산의 문제가 아니라 개념 파악의 문제이기 때문입니다. 그래서 어릴 때부터 책을 자주 읽으며 단어의 뜻을 생각하고 이해하는 것이 중요합니다. 수학을 잘하려면 국어를 열심히 공부해서 관련된 수학적 개념을 제대로 이해하는 것이 도움이 됩니다.

일상에서 수학 발견하기

수학을 잘하기 위해 초등학교 입학 전 잘 끼워두면 좋은 첫 단추는 '일상에서 수학 발견하기'입니다. 수학은 일상에서 쉽게 발견할 수 있습니다. 함께 저녁 식사를 준비할 때 숟가락과 젓가락은 몇 개

아이와 함께 음식을 만들면서 숫자 세기를 할 수 있습니다. '햄버거를 만들 때 빵, 토마토, 치즈 등이 몇 개가 필요하지?'라는 질문을 던지며 아이와 음식을 만들어 보는 것도 좋습니다.

를 놓아야 하는지, 반찬은 몇 가지인지 등을 아이와 이야기해 보는 것도 좋습니다. 이러한 과정을 통해 아이는 자연스럽게 수 개념을 알게 됩니다. 접시의 모양은 동그라미인지 네모인지 이야기해 보세요. 5분 동안 정리하기 놀이를 하며 실제로 5분이 어느 정도인지 시간을 재 보는 것도 좋습니다. 선물 포장지에 그려진 그림의 패턴이 반복되는 것을 보면 수학의 규칙성을 아는 아이가 됩니다. 이렇게 일상생활 속에서 습득한 수학적 감각을 가지고 입학하게 되면 이후의 수학 학습 성취도는 당연히 높을 수밖에 없습니다. 입학 전에는 이렇게 실생활의 구체적인 상황에서 서서히 수학적 개념을 알려 주는 것이 좋습니다.

✦ 오류는 즉시 교정해 주기!

이렇게 입학 전에 수의 개념을 처음 접할 때 숫자의 의미와 상황에 따른 활용 방법을 정확하게 알려 주고, 오류가 생겼을 때는 그 즉시 교정해 주는 것이 좋습니다. 많은 아이들이 수의 개념을 이해하는 데에 어려움을 겪습니다. 이는 수 개념을 처음 배울 때 수의 의미와 쓰는 방법까지 정확하게 배우지 않고 모르는 내용이 나와도 그냥 넘어가기 때문에 발생하는 문제입니다. 수학은 첫 단추부터 천천히 잘 끼워야 하는 교과이니만큼 속도가 조금 느리더라도 정확하게 이해할 수 있게 지도해 주세요

✦ 숫자는 두 자릿수까지 미리 알아 두면 좋습니다

학교에서 수업을 시작할 때는 "교과서 00쪽 펴세요."라는 말을 거의 매일 사용합니다. 또 한 반에 아이들은 30명 가까이 되기 때문에 상당수의 아이들이 이미 두 자릿수로 된 출석 번호를 받습니다. 1학기 첫 수학 시간에는 아이들이 기본 숫자를 한 자릿수까지밖에 모른다는 것을 전제로 수업합니다. 하지만 실제로는 우리 일상생활 속에서 이미 두 자릿수 이상을 접하며 쓰고 있기 때문에 두 자리까지의 수 개념을 알고 있어야 합니다.

두 자릿수까지의 개념을 알지 못하면 수업 때 교과서 쪽수를 못 찾아서 책의 어떤 페이지를 펴야 하는지 모르는 일이 생깁니다. 자신의 출석 번호가 12번인지 21번인지 헷갈리기도 합니다. 따라서 입학 전부터 자연스럽게 두 자릿수 숫자까지는 명확히 이해하고 셀 수 있을 정도로 알고 있는 게 좋습니다.

✦ 수학 교구로 재미있게 놀기

아이들이 이미 어렴풋이 알고 있는 수 개념들을 수학 교구를 사용하여 놀이로 풀어내면 훨씬 더 잘 이해할 수 있습니다. 피아제라는 발달심리학자의 이론에 따르면 초등학교 시기는 '구체적 조작기'라고 합니다. 구체적 조작기란 사물을 직접 만져 보고 조작하는 활동을 통해 개념을 이해하고 문제를 해결하는 능력을 키우는 시기라는 뜻입니다. 따라서 초등학교 수학 수업에서는 단순히 개념을 이해하는 것을 넘어 구체적인 조작물을 가지고 활동하면서 개념을 정립하는 과정이 많이 들어가 있습니다. 집에서도 몇 가지 도구를 활용하여 이리저리 만져 보는 경험을 시켜 주면 아이가 수학 개념을 조금 더 쉽게 이해할 수 있습니다.

✦ 가르기와 모으기

1학년 수학은 크게 어려운 점은 없어서 자신감 넘치게 따라오다가, 어느 순간 갑자기 '이게 뭐지?' 하는 순간이 옵니다. 바로 '가르기와 모으기' 때문입니다. 가르기와 모으기는 한 자릿수 덧셈과 뺄셈을 배우는 밑 작업이 되는 활동이라 1학년 수학에서 비중 있게 다루어집니다. 하지만 아이들이 생소해하고 굳이 이 활동을 왜 하는지 모르겠다는 학부모님들이 있습니다. 가르기와 모으기를 몰라도 다른 방법으로 한 자릿수 덧셈과 뺄셈의 연산이 가능하기 때문에 필요 없다고 보는 것이지요.

하지만 앞에서 설명해 드렸다시피 초등 수학은 구체적 조작 활동을 통해 하나씩 천천히 개념을 쌓아 나가고 문제 해결에 도달하는 과정을 이해하는 것이 중요합니다. 따라서 다양한 활동을 통해 수 개념을 정립할 수 있도록 가르기와 모으기를 가르칩니다. 입학 전에 간단한 놀이를 통해 가르기와 모으기를 접해 보는 것을 추천합니다.

가르기와 모으기 예시

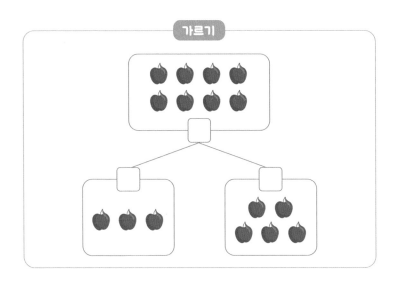

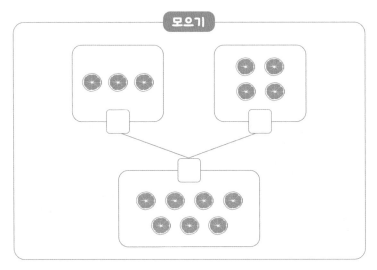

✦ 생활 속에서 시계 접하기

1학년 때는 시계의 정각과 30분이라는 단위를 구분할 수 있는 정도로 가르치고, 2학년 때는 10분, 20분의 개념을 조금 더 가르칩니다. 다만, 학교생활은 정해진 시간이 있기 때문에 시계를 볼 줄 아는 능력은 상당한 도움이 됩니다.

예를 들어 "점심 먹고 12시 10분에 수업 시작이니, 12시 5분에는 교실로 돌아와서 다음 수업을 준비하세요."라고 전달할 경우, 시계를 보며 12시 5분을 인지할 수 있는 아이는 정확한 시간 약속을 지킬 수 있고, 그렇지 않은 아이는 "언제까지 놀 수 있어요?"라고 수시로 확인하게 됩니다.

1학년 담임선생님들은 아이들이 아직 시계를 볼 줄 모른다고 가정하고 "긴바늘이 1에 가면 교실로 와서 준비하세요."라고 말해 주지만, 12시 5분의 개념을 알고 있다면 아이들이 더 빠르고 주도적으

아날로그 시계에 분침 숫자를 다음과 같이 붙여도 좋습니다.

로 상황 판단을 할 수 있습니다. 따라서 시계를 보는 방법을 일찍부터 배워 두면 학교생활에도 금방 적응할 수 있습니다. 특히 디지털형 시계보다는 아날로그형 시계가 좋습니다.

✦ 수학 학습에 도움이 되는 자료

수학 놀이 교구 추천	바둑알	수 세기, 순서수 알기부터 시작해서 덧셈, 뺄셈, 가르기와 모으기 활동 등 여러 가지 활동을 다양하게 할 수 있어서 수와 연산 공부에는 가장 기본적인 도구입니다.
	연결 큐브	재미있게 연결하고 놀면서 공부할 수 있는 수학 교구입니다. 여러 가지 모양도 만들며 공부할 수 있고, 길다-짧다, 많다-적다 등 측정 영역을 공부하기에 좋습니다.
	아이 씨 10!	10을 만들면 점수를 획득하는 형태의 게임 도구들은 10의 보수, 가르기와 모으기 등을 연습하는 데 좋습니다.
	자석 숫자 모형+ 자석 칠판	수 모형은 10진법을 눈으로 보여 주기에 가장 적절한 도구입니다. 수가 커져도 아이들이 헷갈리지 않고 수를 배우는 데에 도움이 됩니다.
	숫자 퍼즐	수의 순서 공부를 즐겁게 할 수 있습니다.
	칠교놀이판	도형 공부와 창의력 향상에 최강이라 할 수 있습니다.

| 수학 놀이
추천
콘텐츠 | 수학이 야호
(EBS 교육 방송) | 재미있는 이야기를 접목시켜 수학 개념을 재미있게 알려 주는 교육 자료입니다. |
| | 똑똑! 수학탐험대
(교육부) | 교육부에서 개발한 게임형 수학 학습 콘텐츠입니다. 컴퓨터를 이용하여 재미있게 수학 공부를 할 수 있습니다. 더욱이 스마트폰으로 콘텐츠에 접속할 수 있으니 소개한 QR 코드를 이용하시는 것이 좋습니다.

홈페이지 주소 : www.toctocmath.kr |

초등학교 입학 전 우리 아이 진단 테스트

초등학교에 입학하기 전에 아이가 학교 공부를 따라갈 수 있을지, 입학 전에 알아야 할 내용을 잘 숙지하고 있는지 한번 확인해 보세요. 테스트를 할 때는 어른이 옆에서 함께 문제를 읽어 주고 문제 해결 과정을 지켜보면서 진행하는 것이 좋습니다.

한글 읽기 유창성 테스트

본 읽기 테스트지는 한국교육과정평가원에서 개발한 '한글 또박또박'과 '찬찬한글'을 바탕으로 재구성하였습니다. 다음 테스트지의 적힌 낱말을 바르게 읽어 봅시다(3분 타이머를 준비해서 시간 안에 유창하게 읽는지 테스트해 보는 것을 추천합니다.).

한글 쓰기 테스트

본 쓰기 테스트지는 한국교육과정평가원에서 개발한 '한글 또박또박'과 '찬찬한글'을 바탕으로 재구성하였습니다. 다음 테스트지의 낱말과 문장을 바르게 써 봅시다.

수학 개념 테스트

본 수학 개념 테스트지는 1학년 1학기 수학 익힘 문제와 교육과정평가원에서 제공하는 기초학력 향상 도움 자료를 바탕으로 재구성하였습니다.

우리 아이의 초등학교는
어떻게 선택해야 할까?

'의무교육'이라는 단어처럼 초등학교에 아이를 보내는 것은 선택이 아닌 법정의무입니다. 그러나 신체적·정서적 특성이 다른 아이들을 공교육의 틀에만 맞추려는 것은 부모로서 걱정이 되는 일입니다. '과연 학교에서 잘 지낼 수 있을까?'라는 걱정을 하기 전에 내 아이에게 맞는 학교를 미리 파악해 두는 것은 어떨까요?

우리나라에는 다양한 초등학교가 있으며 많은 가정에서 학부모의 교육관과 아이의 특성에 맞게 학교를 선택하여 보내고 있습니다. 이번 장에서는 우리나라의 다양한 초등학교 유형을 알아보고 각 학교의 특성과 교육 프로그램에 대해 살펴보려고 합니다.

✦ 국립 초등학교

국립 초등학교는 교육부에서 운영하는 학교로, 공교육에 적용할 여러 가지 선진화된 프로그램을 먼저 적용하고 실험하는 학교입니다. 즉, 국가의 교육 정책이나 시스템을 가장 먼저 만나 볼 수 있습니다. 국립 초등학교는 공립 초등학교에서 따로 선발된 교사진이 있고 사립 초등학교에 버금가는 정규 프로그램, 방과후 프로그램을 운영하여 학부모들의 선호도가 매우 높습니다. 대부분의 학교가 20:1이 넘는 경쟁률을 보이고 40:1이 넘는 학교도 있다고 하니 학부모님들이 얼마나 보내고 싶어 하는 학교인지 알 수 있습니다.

✦ 공립 초등학교

공립 초등학교는 '우리 동네의 학교'라고 생각하면 됩니다. 학생이 거주하는 집에서 가장 가까운 거리의 학교로 배정되어 우리나라의 거의 모든 초등학생들이 다니는 학교입니다. 공립 초등학교의 교사들은 모두 '초등학교 교사 임용 고시'라는 국가고시를 통과한 인재입니다. 전국의 초등학교는 모두 같은 '초등학교 교육과정'을 운영하기 때문에 어느 학교를 다녀도 같은 수준의 교육을 받을 수 있습니다.

공립 초등학교는 국가의 경제적·문화적 수준과 밀접한 관련이 있습니다. 우리나라의 경제 수준이 좋지 못하던 시절의 공립 초등학교는 열악한 교육 시설과 환경, 선진화되지 못한 교육 프로그램으로 학부모들이 선호하지 않았으나, 우리나라가 선진국의 반열에 오른 후에는 공립 초등학교의 수준이 높아졌습니다. 오히려 사립 초등학교보다 좋은 환경을 가진 곳이 많아졌고, 선진화된 교육 시스템을 공립 초등학교에 우선 적용하는 사례도 있습니다.

✛ 사립 초등학교

사립 초등학교는 교육에 뜻이 있는 개인이나 단체에서 '학교 법인'을 세워 운영하는 학교입니다. 전국에는 73개의 사립 초등학교가 있으며 교사의 급여부터 학교 운영비, 교육 프로그램까지 모두 학생의 학비로 운영이 됩니다. 사립 초등학교는 교육청의 제재를 많이 받지 않고 자유롭게 교육 프로그램을 운영할 수 있어서 개성 있는 학교 특색 프로그램을 도입하고 있습니다.

교사의 채용부터 인사, 행정까지 자체적으로 운영하므로 독립성과 자율성이 매우 높습니다. 수준 높은 영어 교육, 악기 교육, 방과후교육 등 다양한 장점이 있으나 비싼 학비는 학부모에게 부담이 되는 요소입니다. 사립 초등학교 학생들은 모두 교복을 입고 다니며 학교에 대한 자부심과 결속력이 매우 강합니다. 어렸을 때부터 부모들끼리의 관계를 바탕으로 사회적인 인맥을 형성하여 성장하는 경우가 많습니다.

✦ 대안 학교

대안 학교는 공교육을 벗어나 전인 교육, 종교 교육, 노작 교육 등 공교육과는 다른 교육 철학을 가진 개인이나 단체에서 세운 학교를 말합니다. 학력이 인정되는 인가형 대안 학교와 그렇지 않은 비인가형 대안 학교가 있는데 대부분의 대안 학교는 비인가형 대안 학교입니다. 비인가형 대안 학교는 학력이 인정되지 않으며 학력을 인정받기 위해서는 검정고시를 봐야만 합니다. 이러한 단점이 존재하지만 학교의 교육 철학이나 이념, 교육 방향에 대해 동의하며 학생을 대안 학교에 보내는 학부모들은 학교의 운영에 적극적이고 긍정적으로 참여합니다.

적은 수의 아이들로 학급이 운영되며 대안 학교 교사들의 집중적인 관심과 보살핌을 받을 수 있으므로 공교육 시스템에 어려움을 느끼는 학생이나 뚜렷한 교육 철학이 있는 학부모들의 경우 선호도가 높습니다.

✦ 외국인 학교와 국제 학교

외국인 학교와 국제 학교는 다릅니다. 외국인 학교는 부모 중 한 명 이상이 외국인이어야 하며 그렇지 않은 경우, 학생이 6학기 이상을 외국에서 이수한 이력이 있어야 하므로 내국인 학생이 진학하는 경우는 많지 않습니다. 국제 학교는 이러한 제한 규정이 없이 내국인도 희망에 따라 입학이 가능합니다. 두 학교 모두 외국 학교의 학제를 따르고 영어로 수업을 하며, 교육 프로그램 모두 외국 학교의 특성을 그대로 따르고 있습니다. 두 학교는 모두 국내 대학이 아닌 해외 대학 진학과 유학을 목표로 하고 있다는 점도 비슷합니다.

국제 학교는 학생을 글로벌 인재로 기를 수 있다는 기대감과 선진국의 교육 시스템을 국내에 거주하며 아이에게 적용할 수 있다는 점에서 학부모들의 관심을 얻고 있습니다. 설립 학교 국가의 학제를 그대로 따르며 영어로 수업을 진행하고 다양한 교육 프로그램 역시 외국의 학교 프로그램과 같습니다.

다만 국내에 있는 국제 학교에서는 국어와 사회 과목은 한국인 교사의 수업을 듣고 이수해야 합니다. 국내에 거주하며 유학의 효과를 누릴 수 있다는 점에서 국제 학교의 장점은 분명합니다. 그러나 지나치게 비싼 학비로 인하여 경제적인 여건이 반드시 마련되어야만 한다는 점을 고려해야 합니다.

우리 아이의 초등학교
국립 초등학교

국립 초등학교는 국가가 설립, 경영하는 학교 또는 국립대학법인이 경영하는 학교를 말하며, 교육부의 관리 감독을 받습니다. 서울에는 두 개의 국립 초등학교가 있는데 서울교육대학교 부설초등학교와 서울대학교 사범대학 부설초등학교입니다. 이 두 학교는 모두 국립학교이지만 서울대학교 사범대학 부설초등학교의 경우는 2011년 서울대학교가 대학교와 부설기관들을 법인화하면서 2014년 서울대학교 부설기관으로 이전되었습니다. 그래서 정확한 명칭은 '국립대학법인 서울대학교 사범대학 부설초등학교'입니다. 서울을 제외한 전국에는 15개의 부설초등학교가 있으며 대부분이 교육대학교 부설초등학교입니다.

✦ 교사의 구성

국립 초등학교의 교사는 공무원 신분입니다(예외적으로 서울사대 부설초는 서울대학교 법인 교직원입니다.). 이곳에서는 교생 실습, 개정 교과서 연구, 교육부 특색 사업 연구를 진행하므로 교사에게 많은 전문성이 요구됩니다. 또한 많은 교사가 지원을 하고 경쟁을 통해 들어오기에 교육에 대한 열정과 전문성을 갖춘 인재가 많습니다. 또한, 매년 연구학교 자격으로 학교 구성원이 연구에 참여하며 그 성과를 발표하여 전국의 공립 초등학교에 전파하고 있습니다.

✦ 교육 프로그램

학부모님들에게 국립 초등학교가 인기 있는 이유는 다양한 교육 프로그램(방과후 프로그램, 현장 체험 학습, 학생 자치 활동 등)을 운영하기 때문입니다. 그리고 공립 초등학교에 비하여 교육과정 운영의 자율성이 보장되어 학교장과 교사들의 회의와 의사 결정으로 학교를 운영할 수 있습니다. 더욱이 공립 초등학교에 비하여 학급 수와 학급당 학생 수가 많지 않아 학교 운영이 효율적입니다.

특히 사립 초등학교에 버금가는 외국어 교육과 희망 학생 대부분을 수용할 수 있는 방과후 프로그램을 운영하고 있습니다. 이외에도 교과서가 개정될 때마다 실험본 교과서로 1년 먼저 수업을 해 볼 수 있어 선진화된 지식을 먼저 배울 수 있다는 장점도 있습니다.

·┼· 입학 절차

국립 초등학교의 입학 원서 접수는 매우 이른 시기에 진행이 됩니다. 먼저 9월 말 학교 홈페이지를 통하여 '신입생 모집 요강'이 공지됩니다. 모집 요강을 보면 입학 자격과 정원, 특별전형, 일반전형 등에 대한 안내를 볼 수 있습니다. '신입생 모집 요강' 공지 후 10월 말~11월 초에 원서 접수가 이루어지며 추첨은 11월 20일경 전산 추첨 방식으로 진행이 됩니다. 이때 모든 추첨은 전산으로 진행되므로 지원자가 할 수 있는 일은 기다리는 것뿐입니다.

추첨 당일 학교 홈페이지에 '입학 대상자'가 게시되며 서류 제출 기간에 등록을 하면 입학 자격이 주어집니다. 12월 초에 당첨자 예비 소집이 이루어지고 이때 입학 및 교복에 대한 안내, 입학 때까지 학생이 익혀야 하는 사항에 대한 교육을 하고 필수 과제를 내기도 합니다. 만약 당첨자 중에서 입학을 포기하는 학생이 생길 경우에는 예비 당첨 순위대로 입학이 이루어집니다.

국립 초등학교 입학 일정 및 절차

입학 일정	절차
9월 말~10월 초	신입생 모집 요강 공지
10월 말 ~11월 초	원서 접수
11월 말	전산 추첨
12월 초	당첨자 예비 소집
12월 초~ 2월 말	결원 인원 추가 모집

✦ 이런 학부모와 아이에게 추천합니다!

국립 초등학교는 매년 20:1이 훌쩍 넘는 입학 경쟁률을 보이고 있습니다. 아이를 국립 초등학교에 보내려는 학부모님들은 대부분 자녀의 교육에 관심이 많습니다. 국립 초등학교는 근거리 배정 원칙을 따르지 않습니다.

국가에서 운영하는 학교이므로 학비를 내지 않아도 사립 초등학교에 버금가는 특별한 교육을 받을 수 있다는 점에서 학부모님들에게 인기가 좋습니다. 또한, 모든 교육이 선진적이며, 학부모님들의 교육열이 높아 학교의 교육 프로그램과 행사에 관심과 참여도가 높습니다. 국립 초등학교 학생들은 대부분 교복을 입고 다니며 체육복에서 가방, 양말까지 학교의 마크가 새겨진 것을 착용해야 합니다. 학생, 학부모와 국립 초등학교에 근무하는 교원까지 학교에 대한 애착과 자부심이 대단합니다.

반면 학교 내 엄격한 규칙이 있고 학생에게 높은 수준의 교육 성과를 기대하므로 아이들이 학업 스트레스를 느끼기도 합니다. 수준 높은 아이들이 모여 있기 때문에 서로 비교하고 경쟁하는 분위기가 형성되어 있습니다. 부모님이 자녀를 통학시킬 수 있고, 자녀의 교육 활동을 뒷받침할 시간적 여유가 되는 가정이라면 국립 초등학교를 추천합니다.

✦ 국립 초등학교 목록

대학교 종류	부설초등학교명
국립대학법인	서울대학교 사범대학 부설초등학교
국립대학교	경북대학교 사범대학 부설초등학교 한국교원대학교 부설월곡초등학교 제주대학교 교육대학 부설초등학교
국립교육대학교	서울교육대학교 부설초등학교 부산교육대학교 부설초등학교 대구교육대학교 부설초등학교 대구교육대학교 안동부설초등학교 경인교육대학교 부설초등학교 춘천교육대학교 부설초등학교 청주교육대학교 부설초등학교 공주교육대학교 부설초등학교 전주교육대학교 군산부설초등학교 전주교육대학교 부설초등학교 광주교육대학교 부설초등학교 광주교육대학교 목포부설초등학교 진주교육대학교 부설초등학교

우리 아이의 초등학교
공립 초등학교

공립 초등학교는 지방공공단체가 설치하여 관리하며, 공비(公費)로 유지하는 학교입니다. 즉 교육감 관할 학교라고 볼 수 있으며, 교육청의 관리 감독을 받습니다.

대부분의 우리나라 학생들이 다니는 학교로, 학생의 주거지에서 가까운 거리에 있는 학교를 배정받습니다. 특별히 국립 초등학교나 사립 초등학교, 대안 학교를 지원하지 않았다면 자동으로 배정받아 다니게 되는 학교라고 생각하면 됩니다. 전국의 모든 공립 초등학교는 동일한 교육과정을 운영하며 소속 교육청의 정책을 충실히 따라야 합니다.

✦ 교사의 구성

공립 초등학교는 각 시도교육청에서 시행한 '공립 초등교사 임용 후보자 선정 경쟁시험(일명 임용 고시)'이라고 불리는 시험에 합격한 교사들이 교육청의 발령을 받아 근무합니다. 교육청마다 조금씩은 다르겠지만, 교사들은 대체로 4~5년마다 학교를 옮기게 됩니다. 전국의 공립 초등학교 교사는 모두 국가 공무원이므로 전국의 어느 공립 초등학교에 가도 교사의 수준은 비슷합니다. 공립 초등학교 교사들은 매년 정해진 시간만큼 연수를 이수해야 하고 교원 평가 등을 통해 전문성을 함양하기 위하여 노력하고 있습니다.

✦ 교육 프로그램

공립 초등학교는 각 교육청의 정책을 충실히 시행해야 합니다. 학교의 행사나 교육 프로그램은 세부적인 면에서는 차이점을 보일 수 있으나 거의 동일합니다. 농어촌에 있는 소규모 학교는 방과후학교나 돌봄교실이 100% 수용되기도 하지만, 대도시의 규모가 큰 학교에서는 방과후학교나 돌봄교실 수용이 한정적이어서 추첨이나 선착순으로 뽑는 등 한계점이 있습니다. 교육과정 운영에서도 학교의 자율성보다는 국가 교육과정에 정해진 과목과 시수를 따라야 합니다. 이러한 한계점을 극복하기 위하여 시도교육청에서는 다양한 연구학교와 자율형 학교를 운영하고 있습니다.

✦ 입학 절차

공립 초등학교에 입학할 때 가장 중요한 것은 '취학통지서'입니다. 취학통지서는 취학 연도 10월 말 주민등록 주소지를 기준으로 발급이 되고 12월 20일까지 취학 아동의 보호자에게 통지하도록 되어 있습니다. 공립 초등학교는 학생의 주소지에서 가까운 곳에 배정하는 것이 원칙이므로 대부분 동네의 학교에 배정됩니다. 취학통지서는 초등학교 예비 소집일에 제출해야 입학 등록을 할 수 있습니다. 취학통지서는 대부분 우체국 등기로 배달되며, 받지 못하였거나 분실하였다면 주민센터를 방문하여 재발급을 받아야 합니다. 재발급을 받지 못했을 경우는 거주 사실을 확인할 수 있는 주민등록등본 등 관련 서류를 준비해서 예비 소집일에 학교를 방문하면 입학 등록을 할 수 있습니다.

예비 소집일에 취학 학생 부모님은 꼭 학교에 방문해야 합니다. 취학통지서를 학교에 제출하고 입학 등록을 해야 하고 이때 '방과후학교, 돌봄교실' 안내를 받아 신청해야 합니다. 예비 소집일에는 학교에 따라 학교 안내 자료 및 신입생 입학 안내, 입학식까지 학습해야 하는 학습 자료 등을 나눠 주므로 학부모는 꼭 참석할 것을 권유합니다. 이때 아이와 함께 학교를 방문하면 미리 자신이 다닐 학교를 둘러볼 수 있어 아이에게도 좋습니다. 예비 소집일에 참석하지 못할 경우에는 반드시 사전에 학교 측에 연락을 취하여 등록 의사와 불참 사유를 이야기해야 합니다. 예비 소집일이 지난 후에 따로 등록하려면 해당 학교 교무실에 연락하여 개별적으로 입학 등록을 해야 합니다. 이때 일정 기간이 지나도록 등록하지 않으면 '예비 소집 불참 아동'으로 분류되어 학교에서는 학생의 소재 파악을 하기 위하여 연락을 하거나 거주지를 방문하기도 합니다.

✦ 이런 학부모와 아이에게 추천합니다!

공립 초등학교는 학생과 학부모의 편차가 있습니다. 그래서 간혹 학부모들이 초등학교 때부터 학군을 따지는 것이 이러한 이유 때문입니다. 학부모가 자녀의 교육에 관심이 높고 경제적 지원을 해 줄 수 있는 가정도 있으나 상대적으로 그렇지 않은 가정도 있습니다. 같은 아파트, 같은 동네의 아이들이 한 학교에 배정되므로 어렸을 때부터 알고 지낸 학부모와 아이들이 많습니다. 학부모마다 자녀 교육에 대한 열정과 생각이 다르고, 다양한 특성의 아이들이 함께 지내기 때문에 학습 지도와 생활 지도가 상대적으로 힘듭니다. 하지만 등하교 시간이 짧고, 모둠별 과제를 수행하거나 협업 활동을 하기에 수월합니다. 또래들이 가까이 살고 있으므로 학교에 적응하는 과정이 어렵지 않은 것은 장점입니다. 학교가 학생들의 주거지와 가까운 곳에 있어서 입학식, 학부모 공개수업, 학부모 상담, 운동회 (체육대회) 등 학교 행사에 참여하는 것이 국립 초등학교나 사립 초등학교에 비하여 시간적, 심리적 부담이 적습니다.

자녀의 초등학교를 선택할 때는 아이와 가정의 특성을 먼저 고려해야 합니다. 자녀가 어린 시절부터 대인관계가 원만하고 어느 정도 스스로 자기 할 일을 하는 아이라면 분명히 공립 초등학교에서도 적응을 잘할 것입니다. 공립 초등학교 출신 아이들은 졸업 후에도 그대로 근처의 중학교로 진학하기 때문에 오랜 교우 관계를 형성하는 측면에서도 도움이 됩니다. 맞벌이 가정의 경우, 아이가 학교가 끝나고 부모가 퇴근할 때까지 교육이나 양육을 할 수 있는 학원이나 공부방 등의 시설이 있다면 공립 초등학교를 보내는 것이 좋습니다.

국립 초등학교와 공립 초등학교의 차이!

의외로 많은 사람들이 국립학교와 공립학교를 구분하지 못합니다. 흔히 국립학교와 공립학교를 합하여 국공립학교라 부르고 두 종류의 학교 모두 학비를 내지 않으므로 같은 종류의 학교로 취급하는 경우가 많습니다. 하지만 국립학교와 공립학교는 엄연히 다른 학교입니다.

우리 아이의 초등학교
사립 초등학교

사립 초등학교의 설립 주체는 다양합니다. 여러 개의 학교를 전문적으로 운영하는 학교 법인, 교육에 뜻이 있는 개인이 설립한 사립 학교, 다양한 종교 단체에서 운영하는 종교 학교, 기업에서 운영하는 학교까지 각양각색입니다. 사립 초등학교는 학교의 설립 이념에 따르거나 특색 교육의 전통을 이어오는 경우가 많습니다. 예를 들어 학교의 설립 이념이 기독교 교육이라면 교직원과 학생 모두 투철한 기독교 이념을 갖추기를 원합니다. 또한 학교의 대표적인 교육활동이 음악 교육이라면 수준 높은 악기 교육을 실시하고 오케스트라를 운영하는 등의 특색을 가지고 있습니다. 공립 초등학교와는 비교할 수 없는 수준 높은 영어 교육을 실시하는 학교도 있습니다.

✦ 교사의 구성

사립 초등학교는 교사를 선발하고 임용하는 권한이 학교법인에 있으며, 교사의 급여 또한 학교법인에서 결정됩니다. 사립 초등학교 교사는 국공립 초등학교 교사와 마찬가지로 교대를 졸업한 초등교육 전공자입니다. 단, 교사 선발 시에는 학교에서 자체적으로 시험을 진행하는 경우가 많습니다. 필요에 따라 예체능 강사의 경우 초등교육 전공자가 아닌 중등교육 전공자를 채용하기도 합니다. 학교의 자율성이 높고 교사의 신분은 공무원이 아니며, 학교의 필요와 특징에 맞는 교사를 채용할 수 있습니다.

✦ 교육 프로그램

사립 초등학교는 국공립 초등학교와 달리 학생에게 학비를 받아 운영합니다. 이로 인해 예산 운영에 여유가 있어서 외국어 교육과 예술 분야(악기 연주나 무용, 음악, 미술 등) 특성화 교육 등 다양한 교육 프로그램을 운영하고 있습니다. 또한 종교 재단에서 설립한 학교에서는 설립 이념에 맞는 종교를 교육할 수도 있습니다. 특히, 원어민 교사를 채용하는 등 외국어 교육에서 학부모들의 호응을 얻고 있으며, 방과후학교 프로그램도 수준 높은 교사를 초빙할 수 있어 만족스러운 교육 환경을 제공합니다. 학생과 학부모의 관심을 고려하여 교육 프로그램을 구성함으로써 높은 만족도를 유지하고 있습니다.

✦ 입학 절차

입학 절차는 사립 초등학교마다 상이하지만, 대부분 '신입생 입학 설명회'를 열고 있습니다. 입학 설명회에 대한 공지는 9월 말~10월 초에 각 사립 초등학교 홈페이지에 게시가 되고 11월 초에 입학 설명회가 열립니다.

입학 설명회는 반드시 참석하는 것이 좋습니다. 학교의 건학 이념부터 프로그램, 학비, 교사의 구성까지 사립 초등학교에 대한 모든 정보를 알 수 있기 때문입니다. 학교에 따라서는 이날 수업을 공개하기도 합니다. 11월 중순에는 원서 접수가 시작되는데 인터넷 접수로 신청할 수 있습니다. 11월 말경에 전산 추첨을 실시하고 추첨 당일 홈페이지에 당첨자를 공지하거나 개별적으로 연락을 줍니다.

사립 초등학교 입학 준비 시 주의점!

서울에 있는 사립 초등학교는 같은 날에 입학생 추첨이 이루어지며 중복 등록을 한 경우에는 모든 학교의 입학이 취소되니 유의해야 합니다. 사립 초등학교는 학부모에게 인기가 있는 학교와 그렇지 않은 학교가 명확하게 구분되는데. 학교에 따라서는 7~8:1에 가까운 높은 경쟁률을 보이는 학교가 있는 반면에 지원자가 미달되는 학교도 있어서 잘 알아보고 지원해야 합니다. 또한 재정적인 어려움을 겪는 곳도 있어서 등록금과 높은 학비를 지불하였지만. 공립 초등학교보다도 못한 교육을 받거나 좋지 않은 환경에서 공부하는 경우도 있으니 신중하게 선택해야 합니다.

✦ 이런 학부모와 아이에게 추천합니다!

사립 초등학교는 자녀에 대한 학부모의 관심과 열정이 매우 높습니다. 학교에 따라 1년에 천만 원이 훌쩍 넘는 학비를 부담하며 자녀를 학교에 보내야 하므로 어찌 보면 당연한 일입니다. 사립 초등학교에 다니는 아이들은 학교 교육 외에도 사교육을 따로 받는 경우가 대부분이고 학생끼리의 경쟁도 치열합니다. 사립 초등학교 학생들은 모두 교복을 입고 다니며 체육복, 가방, 외투, 양말까지 학교에서 정해진 것을 착용해야 합니다. 경제적으로 여유가 있는 아이들이 많아서 사립 초등학교 재학 시절부터 학부모끼리, 학생끼리 인맥을 형성하는 경우도 많습니다.

만약 초등학교에서 방과 후까지 모든 것을 책임져 주기를 바란다면 사립 초등학교를 추천합니다. 비싼 학비를 감당할 경제적 능력이 있고 부모가 모두 바빠 아이를 돌봐줄 시간이 없다면 그 역할을 사립 초등학교에서 할 수 있습니다. 사립 초등학교는 공립 초등학교에 비하여 하교 시간이 늦으며(저학년부터 고학년까지 대체로 오후 3시쯤 하교합니다.) 방과후 프로그램이 다양하게 개설되어 있어 원한다면 참여하여 교육적 혜택을 누릴 수 있습니다. 자녀가 높은 수준의 외국어 교육이나 악기 교육 등 다양하고 차별화된 교육을 받기를 원한다면 사립 초등학교를 고려해 보는 것도 좋은 방법입니다.

✦ 서울 사립 초등학교 목록

지역구	학교명	지역구	학교명
강북구	영훈초등학교	서대문구(2)	이대 부속초등학교
강서구	유석초등학교		추계초등학교
광진구	경복초등학교	서초구	계성초등학교
	성동초등학교	성동구	한양초등학교
	세종초등학교	성북구	광운초등학교
금천구	동광초등학교		대광초등학교
노원구	상명초등학교		매원초등학교
	청원초등학교		성신초등학교
	태강삼육초등학교		우촌초등학교
	화랑초등학교	용산구	신광초등학교
도봉구	동북초등학교	은평구	선일초등학교
	한신초등학교		예일초등학교
동대문구	경희초등학교		충암초등학교
	서울삼육초등학교	종로구	상명대 사범대학 부속초등학교
	은석초등학교		운현초등학교
동작구	중앙대 사범대학 부속초등학교	중구	동산초등학교
마포구	홍대 사범대 부속초등학교		리라초등학교
서대문구(1)	경기초등학교		숭의초등학교
	명지초등학교	중랑구	금성초등학교

✦ 서울 지역 외 각 시도별 사립 초등학교 목록

지역	학교	지역	학교
강원	춘천삼육초등학교	전남	여도초등학교
	원주삼육초등학교		광양제철초등학교
	동해삼육초등학교		광양제철남초등학교
인천	한일초등학교	경북	포항제철지곡초등학교
	영화초등학교		포항제철서초등학교
	인성초등학교		포항제철동초등학교
	동명초등학교	대구	효성초등학교
	박문초등학교		대구계성초등학교
경기	심석초등학교		대구삼육초등학교
	중앙기독초등학교		영신초등학교
	소화초등학교	경남	샛별초등학교
충남	서해삼육초등학교		대우초등학교
충북	대성초등학교	부산	남성초등학교
대전	대전성모초등학교		부산삼육초등학교
	대전삼육초등학교		혜화초등학교
광주	송원초등학교		동성초등학교
	살레시오초등학교		동래초등학교
	광주삼육초등학교		

우리 아이의 초등학교
대안 학교

대안 학교는 교육에 뜻이 있는 개인이나 종교 단체, 연합에서 세운 경우가 많습니다. 대안 학교는 공립형 대안 학교와 사립형 대안 학교로 나눌 수 있는데, 공립형 대안 학교는 교육청이 설립하거나 교육청의 예산 지원을 받는 학교로 수업 일수 190일의 규정을 따르는 인가형 대안 학교입니다. 반면 대부분의 대안 학교는 사립형 대안 학교입니다. 이 경우에는 종교 단체에서 설립하고 운영하는 경우가 많으며 교육적인 뜻이 맞는 사람들이 모여 연합의 형태로 설립한 경우도 있습니다. 사립형 대안 학교 중에서도 인가형 대안 학교는 학교를 졸업할 경우 학력이 인정되지만, 비인가형 대안 학교는 학력이 인정되지 않아 따로 검정고시를 봐야 합니다.

✦ 교사의 구성

　대안 학교의 교사는 교사 자격증이 없어도 채용할 수 있습니다. 교과목이나 교육 프로그램을 자체적으로 만들고 진행할 수 있기 때문에 농업이나 건축, 예술 분야의 전문가를 교사로 채용할 수 있습니다. 또한 종교 단체에서 설립한 대안 학교에서는 목사나 신부, 수녀, 교인들이 교사로 채용되는 경우도 있습니다. 비인가형 대안 학교의 경우는 그 자율성이 더욱 커서 교사의 채용에 제약이 거의 없습니다.

✦ 교육 프로그램

　대안 학교는 교직원과 학부모가 함께 교육 프로그램을 만들어 운영하는 학교입니다. 학부모가 학교 운영에 참여하여 교사뿐만 아니라 학부모의 역할과 책임도 따르기 때문에 교육 프로그램을 모두

대안 학교 선택은 신중하게!

대안 학교는 학생 수가 적고 교육청의 지원을 받지 않는 비인가형 학교가 대부분입니다. 이로 인해 학부모들이 모든 비용을 부담하게 되고, 자연 속에 있는 학교가 많아 방과후학교 교사를 채용하기 어렵기 때문에 여건이 천차만별입니다. 따라서 대안 학교를 선택할 때는 신중하게 결정해야 합니다.

가 만족하는 방향으로 운영하고자 노력합니다. 대안 학교는 특성화된 프로그램(외국어 교육, 노작 교육, 숲 체험 교육, 농업 교육, 목공이나 건축 교육 등)을 운영하여 국가 교육과정에 구애받지 않고 과목을 운영합니다. 또한 인성과 다양한 경험을 중시하여 학교 안에서뿐만 아니라 다양한 장소에서 체험 학습을 운영합니다. 종교 단체에서 설립한 대안 학교는 종교 교육도 진행합니다.

✦ 입학 절차

대안 학교의 입학 절차는 학교마다 상이합니다. 대부분의 비인가형 대안 학교들은 특색에 따라 다양한 절차로 신입생을 선발합니다. 대안 학교에서는 매년 9월 말부터 10월 중순까지 '입학 설명회'를 개최하며, 건학 이념, 프로그램, 특색 교육 등을 자세하게 설명합니다.

학교에 따라 예비 학부모를 대상으로 9월부터 '예비 학부모 교육과정'을 진행하는 경우도 있습니다. 신입생 입학 추첨이나 선정은 11월에 실시되며, 대안 학교에서는 선정된 예비 입학생들을 대상으로 오리엔테이션 프로그램을 운영하여 학교생활에 적응할 수 있도록 지원합니다. 이러한 과정을 거쳐 3월 초에 입학식을 치른 후 본격적인 학교생활이 시작됩니다.

✦ 이런 학부모와 아이에게 추천합니다!

대안 학교를 선택하는 학부모들은, 자녀가 자유롭고 다양한 교육을 받을 수 있기를 바랍니다. 이러한 가치를 공유하는 학부모들은 서로 소통하며 자녀의 인성 교육과 다양한 경험에 관심을 가지고, 학교를 하나의 공동체로 생각하며 학교 운영에 긍정적으로 협조합니다. 더욱이 학생들 간의 결속력도 강하며, 문제 해결 능력도 높습니다. 그리고 대안 학교는 국공립보다 규모가 작으며, 대부분의 대안 학교는 환경이 깨끗한 농어촌이나 산간 지역에 있어 아토피로 고생하는 아이들에게도 좋습니다. 또한 신앙심이 높은 가정이나 살아가는 데 필요한 지혜 등을 배우고 싶은 경우에도 대안 학교 진학을 고민해 볼 수 있습니다. 공교육의 스트레스에서 벗어나 아이들이 자유롭게 생활하길 원하는 학부모들이 고려해 볼 만한 선택지입니다. 다만, 사립 초등학교와 마찬가지로 학부모의 경제적 부담이 있을 수 있습니다.

사립 초등학교와 대안 학교

사립 초등학교와 대안 학교는 교육부와 교육청의 관리 감독을 받아 교육에 대한 자율성이 부족한 국공립 초등학교에 대한 대안으로 떠오르고 있습니다. 사립 초등학교와 대안 학교는 국공립 초등학교에 비하여 교사의 선발부터 임용. 교육 프로그램 구성 및 운영까지 학교가 자율적으로 결정할 수 있습니다. 학교마다 특색으로 내세우는 분야가 다양하며 학부모와 자녀의 선택에 따라 학교에 지원하여 다닐 수 있습니다.

우리 아이의 초등학교
외국인 학교, 국제 학교

많은 사람들이 외국인 학교와 국제 학교의 차이점을 잘 구별하지 못합니다. 두 학교 모두 영어로 수업이 진행되며, 외국인과 함께 학교에 다니는 것이 공통점이지만, 입학 자격과 대학 진학에 차이가 있습니다.

외국인 학교는 입학 자격이 엄격하지만, 국제 학교는 내국인도 특별한 조건 없이 입학할 수 있습니다. 외국인 학교는 국내에서 학력을 인정받지 못해 국내 대학에 진학하기 어렵지만 국제 학교는 학력을 인정받아 국내의 학교로 전학이 가능하고 국내 대학에 입학할 수도 있습니다. 이렇게 같은 듯 다른 외국인 학교와 국제 학교에 대하여 자세히 알아보도록 합시다.

⁺ 입학 자격

　외국인 학교의 입학 자격을 알아보려면 학교의 설립 목적부터 살펴보아야 합니다. 외국인 학교는 대한민국에 거주하는 외국인 가정의 자녀를 위한 학교입니다. 따라서 외국인 학교는 부모 중에 한 사람이 외국인이거나 혹은 외국에서 6학기 이상 학교를 다닌 학생만 입학할 수 있습니다.

　반면 국제 학교는 내국인도 입학할 수 있습니다. 더욱이 국제 학교는 해외 유학을 목표로 하는 아이들을 위한 학교입니다. 국제 학교는 유학에 따른 비용과 어려움을 해결하기 위해 국내에서 인정받은 학력으로 해외 학교 및 국내 학교 진학의 기회를 제공하여 인기

외국인 학교	국제 학교
거제국제외국인학교	채드윅 송도국제학교(CIS)
경기수원외국인학교	대구국제학교(DIS)
경남국제외국인학교	노스런던컬리지에잇스쿨 제주(NLCS jeju)
광주외국인학교	브랭섬홀아시아(BHA)
대전외국인학교	세인트존스베리아카데미 제주(SJA jeju)
덜위치칼리지서울영국학교	한국국제학교(KIS jeju)
부산국제외국인학교	
부산외국인학교	
서울 드와이트 외국인학교	
서울국제학교	
서울외국인학교	
서울용산국제학교	
한국켄트외국인학교	

를 끌고 있습니다. 그러나 일부 국제 학교는 내국인의 입학을 제한하고 있습니다(채드윅 송도국제학교, 대구국제학교는 정원의 30%, 제주도의 국제 학교는 100%).

다만 비인가형 국제 학교에 입학할 때는 주의해야 합니다. 인가형 국제 학교는 국내 여섯 개가 있으며, 비인가형 대안 국제 학교는 파악이 어려울 정도로 전국에 산재해 있기에 정보를 잘 알아봐야 합니다.

✦ 교육과정 및 프로그램

외국인 학교와 국제 학교는 대체적으로 비슷한 교육과정으로 운영되고 있습니다. 두 학교 모두 국제적으로 인정받는 IB(International Baccalaureate) 프로그램과 AP(Advanced Placement) 프로그램을 사용하여 교육합니다.

이 중에서 IB 프로그램은 스위스 제네바에서 국제 대학 입학 자격시험의 방법으로 시작된 것으로 IB 학교의 학생들은 IB에서 정해진 교육과정을 이수하고 시험을 치릅니다. 여기에서 정해진 기준의 점수에 이르게 되면 학위를 받을 수 있고 점수를 취득하지 못하면 수료로 처리됩니다.

AP 프로그램은 AP 학교의 학생들이 자신이 원하는 과목을 수강하고 AP 시험을 보는 시스템입니다. 미국의 명문 사립대학교에서 이 프로그램을 선택하고 있습니다. 대학 진학까지 고려해 일관된 프로그램으로 교육한다고 볼 수 있습니다.

이러한 프로그램을 채택한 학교들은 전문화된 교사들을 고용하여 일관된 교육을 제공하고 있습니다. 따라서 외국인 학교나 국제 학교에 진학할 경우, IB 프로그램과 AP 프로그램을 비교하여 학교를 선택해야 합니다.

✦ 국제 학교의 입학 절차

국제 학교의 입학 절차는 매년 10월부터 시작되며, 학교 홈페이지를 통해 입학시험에 대한 정보를 얻을 수 있습니다. 지원서와 함께 제출해야 할 서류를 준비한 후, 학교에서 고지한 입학시험과 인터뷰 날짜를 확인합니다. 인터뷰는 영어로 진행되며, 영어 능력과 함께 학교에 잘 적응할 수 있는지를 평가합니다.

초등학교 저학년에 입학하는 경우, 영어 실력보다는 사회성과 적응 여부가 더 중요하며, 고학년 이상의 학생은 상당한 수준의 영어 능력이 필요합니다. 시험을 치른 후 약 한 달간의 입학 심사 기간을 거쳐 다음 해 2~3월경에 합격자를 발표합니다. 입학시험은 대체로 영어, 수학, 작문 시험으로 이루어져 있습니다.

국제 학교의 입학 절차는 까다롭게 느껴질 수 있지만, 제주도의 국제 학교는 아직 학생 정원의 100%를 채우지 못하고 있기 때문에,

학부모의 경제적인 상황이 안정적이고 학생의 의지만 있다면 언제든지 입학이 가능합니다. 입시에서 대기 순번이 되거나 불합격한 경우에도 결원이 생기면 입학할 수 있으며, 이때는 추가적인 테스트를 거쳐서도 입학할 수 있습니다.

한눈에 볼 수 있는 학교 유형

국립 초등학교

장점
- 높은 수준의 교육 프로그램
- 전문 지식을 갖춘 교사진
- 교육부 지정 연구학교의 선진화된 시스템
- 다양한 방과후 프로그램
- 좋은 시설과 적정한(15~20명) 학급당 학생 수

단점
- 높은 입학 경쟁률
- 통학 거리에 대한 부담감
- 높은 교육열로 인한 학업 스트레스

제언
- 원거리 학교 통학에 대한 대안이 있는 가정
- 학생의 특성과 역량이 부합하는지 따져 봐야 함

공립 초등학교

장점
- 전국 동일한 학교 교육과정
- 교육청 관리하의 안정화된 시스템
- 근거리 배정으로 인한 짧은 통학 거리
- 교우 관계 형성이 수월함
- 모둠별 프로젝트 학습의 용이성

단점
- 대규모, 중규모, 소규모 학교마다 다른 교육 여건
- 도심 지역의 과밀학급
- 방과후학교와 돌봄교실의 수용 한계성

제언
- 무난한 사회성과 적응력을 갖춘 학생
- 근거리 통학을 원한다면 추천

사립 초등학교

장점   · 학교 자체 특색 교육 실행(영어, 악기, 예술 교육)
· 높은 수준의 외국어 프로그램
· 다양한 방과후 프로그램
· 학생 개인에 대한 높은 관심
· 우수한 시설
· 늦게까지 학생 돌봄 가능

단점   · 비싼 학비(연간 천만 원 이상)
· 통학 거리에 대한 부담감
· 높은 교육열로 인한 학업 스트레스
· 자녀에 대한 학부모의 지나친 관심

제언   · 학비와 특별 프로그램비를 감당할 수 있는지 확인 필요
· 학생, 학부모끼리의 비교 의식이 존재함

대안 학교

장점   · 인성 교육에 집중된 프로그램
· 다양한 경험을 바탕으로 한 교육
· 학생 개개인에 대한 관심
· 학교와 가정의 원활한 소통
· 학교에 대한 학생과 학부모의 주인 의식

단점   · 대부분 비인가형 대안 학교
· 학력 인정을 받지 못하는 경우, 별도의 대책을 가정에서 세
워야 함
· 입시에 대한 불안감

제언   · 세심하고 높은 관심이 요구되는 학생에게 적합함
· 학교의 설립 이념에 동의하는지 고려

우리 아이의 초등학교 입학식까지 100일 정도 남았습니다.
초등학교에 입학하기 전에 필요한 서류는 어떤 것이 있으며,
아이가 초등학교에 잘 적응하기 위해서는
어떻게 해야 하는지 꼼꼼하게 정리하였습니다.

2장

초등학교 입학 준비
100~50day

① 초등학교 입학 절차는 어떻게 준비해야 할까요?

② 입학 전에 들여야 할 아이의 습관이나 바람직한 생활
　태도는 어떤 것이 있을까요?

③ 초등학교 입학 전에 어떤 것을 해 보면 좋을까요?

두근두근
초등학교 입학 절차

어떤 일이든 첫 시작은 설레고 긴장됩니다. 더불어 매우 두렵기도 합니다. 설렘과 두려움의 차이는 사전에 얼마나 준비되어 있느냐에 따라 나타납니다. 우리 아이의 초등학교 입학 절차에 대해 알고, 미리 마음의 준비를 한다면 학부모와 학생들에게 입학은 두려움이 아닌 설렘이 될 것입니다.

이번 시간에는 아이가 학교에 입학하기 전에 학부모님이 어떤 서류를 준비해야 하는지 그리고 우리 아이의 예방접종은 어떻게 확인하는지 꼼꼼하게 알아보도록 하겠습니다.

✦ 취학통지서 받기

일반 공립 초등학교에 입학할 예정인 경우에는 대부분 11월 말~12월경 지역별 동주민센터에서 초등학교 입학을 앞둔 자녀들이 있는 가정으로 취학통지서를 우편으로 발송합니다. 만약 받지 못했다면 동주민센터에 찾아가서 취학통지서를 발급해 달라고 하면 됩니다. 그리고 학교별로 입학 등록 기간을 지정합니다. 이때 학교에 아이와 보호자가 직접 방문하여 대면 방식으로 입학 등록을 합니다.

서울은 취학통지서를 발송하기 전 '취학통지서 온라인 제출 서비스'를 통해 온라인으로 입학 등록을 할 수 있습니다. 인증서를 이용하여 온라인 입학 등록을 하고 추후 지정되는 예비 소집일에 아이와 함께 학교에 방문 참석하는 방식으로 하고 있습니다. 온라인 서비스를 이용하고 싶지 않다면 온라인 서비스가 종료된 이후에 취학통지서를 우편으로 받아서 예비 소집일 날에 초등학교에 제출해도 됩니다. 각 지자체나 지역의 특징에 따라 방식이 달라질 수 있으니, 주민센터에 문의하시면 됩니다.

전국적인 공통점은 어쨌거나 '아이를 데리고 한 번은 직접 초등학교에 방문해야 한다.'라는 점입니다. 아이와 함께 방문하는 이유는 아이의 신변과 보호자의 존재를 직접 확인하기 위함입니다. 취학해야 할 아이가 학교에 한 번도 오지 않거나 보호자가 아무 연락을 주지 않는 등 정확한 신변을 확인할 수 없으면 아동 학대나 실종의 우려가 있어 경찰에 신고 조치를 하기도 합니다. 예비 소집일이나 학교별 입학 등록 기간에는 아이와 함께 학교에 직접 방문해 주세요! 만약 자녀가 국립 초등학교나 사립 초등학교에 입학 예정이라면 취학 통지서를 받는 별도의 절차 없이 학교에서 추첨을 통해 입학 여부가 결정됩니다. 추첨 이후 학교에서 안내하는 시기에 입학 등록을 하면 됩니다.

취학통지서 온라인 신청 발급에 관한 자세한 사항은 정부24 홈페이지 혹은 QR 코드를 이용하여 접속하시면 확인하실 수 있습니다.

✦ 입학 등록 및 예비 소집일 참석

해당 기간에 아이와 함께 초등학교에 방문하여 입학 등록 절차를 거치게 됩니다. 이때는 취학통지서와 신분증을 반드시 가져가야 합니다. 그리고 학교마다 가족관계증명서, 주민등록등본 등 아이와 보호자의 관계를 입증하기 위한 서류를 별도로 요청하는 곳도 있으니 해당 서류(1부)를 미리 준비하는 것도 좋습니다. 취학통지서를 내고 입학 원서를 작성하고, 입학에 필요한 안내 자료를 받으면 됩니다.

이때 아이와 함께 학교에 처음 가 보았으니 학교가 어떤 곳인지 살짝 알려 주는 게 좋겠지요? 어떤 교실을 쓰게 될지, 어떻게 공부를 하게 될지 미리 상상하면서, 또 교무실은 선생님들이 학생들을 위해 필요한 일을 하는 곳이라고 알려 주는 등 아이의 손을 잡고 학교 공간을 간단히 설명해 주면서 학교를 설레고, 긍정적인 공간으로 인식할 수 있도록 도와주세요.

✦ 예방접종 끝내기

초등학교에 입학할 때 학교에 자동으로 보고되는 내용 중에는 예방접종 여부가 있습니다. 이는 아이가 태어난 후 영유아 때까지 받은 각종 예방접종에 대한 확인입니다. 초등학교에 입학하기 전까지 필요한 예방접종을 다 끝냈는지, 혹시 빠진 건 없는지 한번 확인해 보세요.

입학 전까지 해야 할 필수 예방접종이 다 되어 있지 않으면 입학 이후 보건 선생님께서 확인 후 보호자에게 연락을 합니다. 아이가 안전하게 학교생활을 할 수 있는 건강한 면역력을 지니고 있는지 확인하기 위함이지요. 초등학교를 입학하기 전에 예방접종 여부를 확인하는 방법은 다음과 같습니다.

보건소 방문 보건소에서 예방접종 기록부를 확인할 수 있습니다.

병원 방문 병원에서 예방접종 기록을 확인할 수 있습니다.

인터넷 확인 '질병관리청 예방접종도우미'에 접속하시면 예방접종 내역을 확인할 수 있습니다. (다음 QR 코드에서도 확인 가능)

기록이 없는 경우에는 예방접종을 받지 않은 것으로 보고 각 가정으로 연락을 할 수 있으므로, 반드시 예방접종을 받은 기록을 확인해야 합니다. 만약 예방접종을 하였는데 전산상으로 등록이 되어 있지 않다면 접종했던 병원에 문의하여 전산 등록을 다시 요청해 주시면 됩니다. 자세한 예방접종 목록 및 접종 여부 등 구체적인 사항을 알고 싶다면 질병관리청 예방접종도우미 사이트에서 확인하시는 것이 좋습니다. 초등학교에 입학하기 전까지 필요한 예방접종 목록은 다음과 같습니다.

입학 전까지 접종 완료해야 하는 필수 예방접종

1. DTP(디프테리아, 백일해, 파상풍) 5차

2. 폴리오(소아마비) 4차

3. MMR(홍역, 유행성 이하선염, 풍진) 2차

4. 일본뇌염(사백신 4차 또는 생백신 2차)

입학 전 들여야 하는
아이의 습관

많은 학부모님들이 자녀의 초등학교 입학이 다가올수록 불안해하는 것이 있습니다. 그것은 바로 아이의 생활 태도와 관련된 것입니다. '우리 아이가 학교생활에 잘 적응할 수 있을까?'라는 생각부터 '유치원에 비하여 초등학교는 스스로 해야 할 것이 많다는데 괜찮을까?'라는 생각으로 불안해하실 수 있습니다.

그렇다면 우리 아이가 학교에서 잘 적응할 수 있으려면 어떤 습관을 가지고 있는 것이 좋을까요? 아이가 초등학교에 수월하게 적응할 수 있도록, 입학 전 들여야 할 습관에 대해 알아봅시다. 미리 집에서 연습하고 익숙해지면 입학 이후 학교에서도 스스로 척척 잘해낼 테니 아이의 학교생활에 자신감이 붙을 수 있습니다.

✦ 일찍 자고 일찍 일어나는 습관 기르기!

초등학교에 아이가 입학하기 전에 일찍 자고 일찍 일어나는 습관을 길러 주면 좋습니다. 아이가 초등학교에 입학하게 되면 자연스럽게 학교에서 공부를 하는 시간과 학교 활동에 집중하는 시간이 늘어나다 보니 입학하기 전보다 조금 더 피로감을 느끼게 됩니다. 따라서 초등학교에 입학하기 전에 아이들이 일찍 잠자리에 들어 충분한 수면 시간을 가질 수 있도록 도와주세요.

아이들은 어른들과는 달리 절대적인 수면 시간이 필요합니다. 이는 다음 날 컨디션에 큰 영향을 주기 때문입니다. 아이가 늦은 밤까지 깨어 있지 않도록 미리 가정에서 지도해 주세요. 잠이 부족한 아이는 학교에서 상당히 예민한 모습을 보이게 되며 집중력 또한 현저히 떨어집니다.

따라서, 등교 전날 저녁에 가방을 미리 싸 두고 필요한 준비물을 챙기고 일찍 잠자리에 들어야 합니다. 아이들이 충분히 잠을 자고, 다음 날 좋은 컨디션을 유지할 수 있도록 도와주세요. 이것은 학교 생활에서 가장 어려운 부분 중 하나입니다. 그러므로, 일찍 자고 일찍 일어나는 습관을 들여 두면 아이들이 건강하고 즐겁게 생활하는 데에 도움이 됩니다.

시간 맞춰 생활하는 습관 만들기

아이가 규칙적인 생활 패턴을 유지하도록 도와주는 방법입니다.

매일 같은 시간에 일어나고, 먹고, 활동하며, 잠자리에 들도록 유도해 주세요.

일찍 자는 집안 분위기 만들기

아이가 일찍 자는 습관을 들이게 해 주세요. 잠들기 전에 TV, 스마트폰 등의 화면을 보는 시간을 제한하고, 수면등을 제외한 다른 불빛을 차단하여 아이가 편안하게 잠들도록 도와주세요.

일찍 일어났을 때 아이가 좋아하는 것 제공하기

아이가 일찍 일어나도록 도와주기 위해, 제시간에 일어나면 좋아하는 활동을 하도록 유도하는 것도 하나의 방법입니다. 아이가 좋아하는 간식이나 과일 등의 음식을 먹을 수 있게 한다든지, 잠깐이나마 좋아하는 장난감 놀이를 할 수 있게 허락해 주는 등의 활동을 통해 일어나는 것이 즐거워질 수 있도록 도와주세요.

부모님이 먼저 실천하기

부모님도 일찍 일어나는 모습을 보여 줘야 아이들도 잘 따라 합니다. 아이를 재우고 TV나 스마트폰을 보고 싶으신 마음은 이해하지만 조금만 참아 주세요. 부모님께서 먼저 아침 일찍 일어나 좋아하는 음악을 듣거나 책을 읽는 모습을 보여 주세요. 부모님이 모범을 보이면 아이가 따라오게 됩니다.

✦ 스스로 하는 습관 기르기

초등학생이 되면 무엇이든 스스로 하는 습관을 들여야 합니다. 이를 위해 가정에서는 자녀가 혼자서 꼭 해야 할 일이 무엇인지 구분하여 연습시켜 주어야 합니다. 처음에는 부모님이 함께 도와주다가, 점차 아이가 주도적으로 할 수 있게 되어야 합니다. 그리고 스스로 노력해 성취한 것에 대해서는 칭찬하며 자신감을 가질 수 있도록 유도하는 것이 좋습니다.

몸 관리하기

이 닦기, 세수하기, 손과 발 씻기와 같이 몸을 위생적으로 관리하는 것, 옷을 단정하게 입기, 가방 바르게 메기, 신발 신기 등을 스스로 할 수 있어야 합니다. 단추나 지퍼도 아이가 직접 손으로 여미며 스스로 옷을 입고 벗을 수 있어야 합니다.

우유 팩 스스로 열기

학교에서 우유 급식을 하기 때문에 스스로 우유 팩을 열 줄 알아야 합니다. 손가락 끝의 힘을 이용하여 우유 팩을 열고 마신 뒤 정리하는 법을 알려 주세요. 또한 뚜껑이 있는 주스류도 스스로 여는 연습을 시켜 주세요.

처음에는 잘 안돼서 손이 아프다고 할 수 있지만, 시간이 지나면서 손힘이 세지면 능숙하게 할 수 있습니다. 빨대가 같이 붙어 있는 두유와 같은 팩 음료는 빨대를 바르게 꽂아서 먹는 법을 연습해야 합니다. 팩의 가운데 부분을 세게 누르면 음료를 흘릴 수 있다는 점, 빨대를 너무 깊숙이 넣지 않아야 한다는 것도 미리 배우고 오면 좋습니다.

다양한 음식 먹는 법 알기

급식 시간에 나오는 다양한 음식을 스스로 먹을 수 있게 연습시켜 주세요. 귤, 키위, 포도 등 다양한 과일을 스스로 먹는 법을 알려 주세요. 생선

의 가시를 바르고 먹는 것도 연습시켜 주세요. 뼈 있는 고기(닭고기, 갈비류 등)를 먹을 때에 처음에는 손으로 뜯어서 먹지만 점차 젓가락으로 먹을 수 있도록 먹는 방법을 알려 주세요.

비 오는 날 스스로 물건 정리하기

비가 오는 날에는 우산이나 비옷을 스스로 정리할 수 있게 해 주세요. 우비나 우산의 물기를 제거하고 우산을 잘 말아서 예쁘게 묶는 연습을 미리 집에서 해 주세요. 비옷을 입을 경우는 비옷을 넣을 수 있는 주머니를 준비해 주시고 비옷을 접어서 주머니에 넣을 수 있도록 연습시켜 주세요.

운동화 끈 묶기

저학년 운동화는 벨크로라고 하는 일명 찍찍이 신발을 권합니다. 끈으로 묶는 신발을 신으면 끈이 풀려 질질 끌고 다니거나 선생님에게 묶어 달라고 하는 경우가 있고, 끈이 풀려 밟

고 넘어지는 아이들도 있습니다. 끈이 있는 운동화라면 아이와 함께 신발 끈을 묶는 방법을 연습해 보세요. 처음에는 아이가 어려워하지만, 연습하다 보면 금방 스스로 신발 끈을 묶을 수 있게 됩니다. 아이가 천천히 연습할 수 있게 도와주세요.

화장실 용변 보기

화장실도 마찬가지입니다. 이제는 부모님 없이 혼자 가기, 스스로 뒤처리하기 등을 연습해야 합니다. 가끔 뒤처리를 하지 못해 화장실에서 나오지 못하고 울고 있는 1학년 학생들을 볼 때가 있습니다. 미리 가정에서 볼일을 본 후 뒤처리하는 연습을 해 두지 않으면 아이에게 화장실은 두려운 장소가 될 수 있습니다. 그러니 깨끗하게 뒤처리를 할 수 있도록 집에서 연습시켜 주세요.

✦ 편식하지 않는 바른 식습관

평소에 골고루 먹는 식습관을 갖는 것은 아이의 건강에 매우 중요한 일입니다. 학교에서는 영양사 선생님께서 아이들의 성장과 발달에 좋은 식단을 계획하고 그에 따라 급식을 준비합니다. 따라서 급식에 나온 음식들은 골고루 먹어야 5대 영양소를 충분히 흡수할 수 있습니다. 담임선생님들은 급식에 나온 음식을 최대한 골고루 다 먹을 수 있도록 지도합니다. 평소 가정에서 편식 없이 골고루 먹는 식습관이 잡혀 있는 아이들은 급식 시간도 즐겁겠지요?

반면 아이가 편식이 심한 편이라면 천천히 편식을 고쳐 나가려는 노력이 필요합니다. "이거 한번 먹어 볼까? 생긴 건 이래 봬도 엄청 맛있고 키도 쑥쑥 큰대!"라고 하면서 거부감이 들지 않게 접근해 보세요. 싫어하는 음식을 바로 잘 먹게 되지는 않겠지만, 조금씩 잘 먹을 수 있게 해야 합니다.

아이가 먹는 속도가 느려서 답답하다고 부모님이 떠먹여 주거나, TV 또는 휴대폰을 보면서 먹는 습관이 있다면 반드시 고칠 수 있도록 집에서 미리 연습해야 합니다. 스스로 밥을 먹으며 맛에 집중하고 음식을 잘 먹는 방법을 익히도록 도와주세요. 정해진 시간 안에 집중해서 다 먹기, 밥 먹는 시간에 돌아다니지 않고 앉아서 먹기, 입 안에 음식이 있을 때 말하지 않기 등을 지도해 주세요.

젓가락 사용법도 마찬가지로 꾸준히 반복적으로 연습하면서 젓가락을 능숙하게 사용할 수 있도록 해야 합니다. 1학년 아이들 중 손으로 먹으려는 친구들이 더러 있습니다. 손으로 먹기보다는 숟가락과 젓가락을 사용하여 먹어야 한다고 알려 주고 충분히 연습시켜 주세요.

바른 젓가락질을 위한 세 가지 팁!

젓가락질 연습용 도구 사용하기 젓가락질 연습용 도구를 사용해 아이가 바른 젓가락질의 움직임을 익히도록 도와주세요. 이렇게 연습하다 보면, 아이가 실제로 젓가락으로 음식을 잡는 것이 더욱 쉬워집니다.

바른 자세 유지하기 젓가락질을 할 때, 바른 자세를 유지하는 것이 좋습니다. 등을 펴고, 팔꿈치를 고정시키고, 손목을 구부리지 않고 움직여야 합니다.

큰 음식부터 시도하기 바른 젓가락질을 처음 시작할 때는, 큰 음식부터 시도해 보는 것이 좋습니다. 밥이나 면류와 같은 쉬운 음식부터 시작해서 점점 어려운 음식에 도전해 보세요.

✦ 내 물건에 이름을 쓰고 정리하는 습관

학교에는 내 물건뿐만 아니라 친구들의 물건, 교실에서 공용으로 쓰는 물건 등 많은 물건들이 있습니다. 이 수많은 물건들 중에서 내 물건을 구분하여 잘 관리하고 정리  정돈하는 습관이 중요합니다. 평소 가정에서도 내 물건에 이름을 잘 쓰고 제자리에 스스로 정리하도록 반복적으로 지도해 주세요.

가정에서는 이름을 쓰지 않아도 어차피 내 물건이니 상관없다고 생각할 수 있지만, 내 물건에 이름을 쓰는 것은 좋은 습관입니다. 또 평소 책상 서랍과 사물함이 잘 정리되어 있으면 그때그때 필요한 학습 준비물을 미리 챙길 수 있고 아이의 집중력도 향상됩니다. 요즘은 필요한 준비물을 가정에서 전날 저녁마다 챙겨 주는 것이 아니라, 학기 초에 사물함이나 책상 서랍에 비치해 두고 쓰는 경우가 많기 때문에 아이 스스로 자기 물건을 잘 관리하는 능력이 필요합니다.

✦ 학용품을 올바르게 쓰는 습관

수업 중에는 여러 학용품을 사용하여 글씨를 쓰는 연습도 하고,

선 긋기 활동도 하고, 아름다운 작품을 만들기도 합니다. 그러니 색연필, 사인펜, 크레파스, 가위, 풀 등 자주 쓰는 학용품을 바르게 사용하도록 알려 주세요. 노트를 바르게 잡고 글씨를 쓰는지, 어떤 활동을 할 때 어떤 도구가 필요한지 생각해 볼 수 있도록 알려 주세요.

넓은 면적을 칠할 때는 색연필로, 좁은 면적에 세밀한 표현이 필요할 때는 사인펜으로 색칠하는 것이 더 예뻐 보이겠지요? 다소 넓은 면적을 칠하는데 사인펜으로 힘주어 열심히 칠하다가 종이가 찢어질 수도 있다는 점을 미리 아이가 예상할 수 있게 말해 주세요. 색연필은 진하게 칠하는 방법과 연하게 칠하는 방법을 모두 알려 주는 게 좋습니다. 크레파스도 자칫 강하게 힘을 주면 부러질 수 있다는 것을 알려 주세요. 가위는 잘못 사용하면 위험할 수 있으므로 안전하게 사용하는 방법을 알려 주고 연습해 보세요.

✦ 손끝에 힘을 기르는 습관

소근육이 잘 발달하지 않으면 글씨 쓰기는 물론 학교에서 하는 많은 활동을 어려워할 수 있습니다. 학교 공부 시간에 하는 활동 중에 소근육의 힘을 잘 활용해서 과제물을 제작하는 것이 많기 때문입니다. 따라서 평소에 소근육을 자극하고 손끝에 힘을 기르는 연습을 하는 것이 필요합니다. 부모님과 즐겁게 놀면서 소근육 발달 훈련을 하는 것이 좋겠지요?

선 그리기

선을 그리는 활동은 아이들의 손의 근육 발달과 손 글씨 개선에 도움을 줍니다. 아이들이 선을 그리는 과정에서는 손과 손가락의 근육들이 활발하게 움직입니다. 선을 그리기 위해 필요한 손의 섬세한 움직임과 균형 감각은 손의 근육 발달에 큰 도움을 줍니다. 아이들이 선을 그릴 때, 손가락을 선을 따라 움직이고, 선을 그리는 동안 손과 손가락의 근육들을 조절해야 합니다. 이러한 활동은 손가락의 세밀한 조작 능력을 향상시키고, 손의 근육 발달을 촉진시킵니다.

또한 선 그리기는 손 글씨 개선에 도움을 주는 중요한 활동입니다. 선을 그리는 과정에서 아이들은 손과 손가락의 섬세한 움직임을 연습하게 되며, 이는 손 글씨의 개선에 큰 영향을 미칩니다. 선을 그리는 과정에서 아이들은 선의 형태, 길이, 방향 등을 정확하게 따라가며 손과 손가락을 움직입니다. 이렇게 선을 따라 움직이고 그림을 그리는 것은 손의 근육을 활용하고 제어하는 데에 도움이 됩니다. 선 그리기를 통해 아이들은 손 글씨의 굵기, 획의 간격, 기울기 등을 조절하는 능력을 향상시킬 수 있습니다.

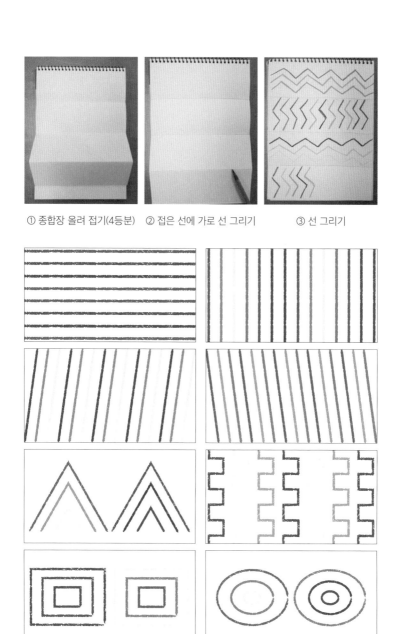

① 종합장 올려 접기(4등분) ② 접은 선에 가로 선 그리기 ③ 선 그리기

다양한 선을 그리는 연습을 해 봅시다!

종이접기

종이접기는 소근육 자극과 집중력 향상에 좋은 놀이입니다. 색종이를 접을 때 만나는 점과 선을 잘 맞추고 손끝의 힘을 이용하여 접히는 부분을 잘 눌러 주는 연습을 합니다. 종이접기를 어려워한다면 부모님께서 종이접기를 잘하는 방법을 옆에서 알려 주시고 함께 연습해 보세요.

소근육 놀이와 운동

찰흙, 유토, 클레이 등을 이용하여 모양을 만드는 놀이 역시 소근육을 자극하고 발달시켜 주는 데 매우 좋습니다. 그리고 레고나 블록 같은 조립 장난감을 이용해 손가락을 더 많이 움직이고 근력을 강화시킬 수 있습니다.

또한 무게나 크기가 적당한 공을 잡고 던지거나 받는 등의 운동을 통해 손끝의 근력을 향상시킬 수 있습니다.

접시에 콩 옮기기

접시에 든 콩을 젓가락으로 집어 옮기기 연습은 실제 초등학교에서도 하는 활동 중 하나로, 아이의 소근육 발달에 도움이 되는 활동입니다.

✦ 미디어 사용 시간 조절하기

아이와 함께 미디어 사용 시간을 약속하고 이를 지켜서 조절하는 능력을 기를 수 있도록 부모님의 관심과 적절한 통제가 필요합니다. 실제로 미디어에 과다하게 노출되어 있는 아이들은 학교생활에서도 집중력이 떨어지는 경향을 보입니다. 선생님의 설명을 집중해서 듣고 있지 않아서 갈등이 생긴다거나, 주변의 상황을 인지하고 파악하는 능력이 부족하여 친구들로부터 불필요한 오해를 사기도 합니다. 이러한 상황에서 부정적인 감정이 쌓이면 아이가 학교생활에 스트레스를 받겠지요? 따라서 집중력이 떨어지지 않도록 평소 미디어 사용 시간을 조절하려는 노력이 필요합니다. 부모님과 함께 미디어를 시청하는 것도 좋은 방법으로, 함께 시청하고 관리하는 모습을 보여 주세요.

미디어 이용 규칙 만들기

아이와 함께 미디어 사용 시간과 방법에 대한 규칙을 정하고, 일관성 있게 적용해야 합니다. 예를 들어, 하루에 사용 가능한 시간을 제한하거나, 학습에 도움이 되는 콘텐츠만 허용하는 등의 방법이 있습니다.

대체 활동 제공하기

미디어 사용 시간을 줄이기 위해 아이에게 다른 적극적인 활동을 제공해 줄 수 있습니다. 예를 들어 책 읽기, 놀이 교구로 놀기, 야외 활동 등이 있습니다.

가족과 함께 미디어 사용하기

일상에서 온 가족이 미디어 사용 시간을 조절하는 분위기가 있으면 아이가 혼자서 할 때보다 자연스럽게 시간 조절을 잘할 수 있습니다. 예를 들어, 가족과 함께 TV 시청 시간을 정하고, 아이와 함께 프로그램을 선택하거나, 함께 게임을 하는 등의 방법이 있습니다.

부모가 먼저 자제하기

부모가 먼저 미디어를 제한적으로 시청하고, 대신 다른 활동을 즐기는 모습을 보여 줌으로써, 아이도 부모님의 태도를 따라 할 수 있습니다.

입학 전에
꼭 갖추어야 할 생활 태도

사실 학교생활에서 공부를 잘하는 것보다 중요한 건 기본 생활 태도를 갖추는 것입니다. 기본 생활 태도가 바른 아이들은 선생님과 또래 친구들에게 좋은 피드백을 받기 때문에 긍정적이고 자존감이 높습니다. 그리고 그렇게 자존감이 높은 아이는 여러 가지 문제에도 좀 더 진취적이고 도전적인 모습을 보이며 자신을 아끼고 사랑하는 어린이로 자라날 수 있습니다. 따라서 공부 지식을 하나 더 아는 것보다 중요한 것이 바른 생활 태도를 갖추는 것입니다.

이번에는 학교에서 중요하게 여기는 아이의 생활 태도는 어떤 것들이 있는지 알아보고, 바른 생활 태도를 갖출 수 있게 미리 연습해 봅시다.

✦ 기본적인 예절 습관 갖추기

집에서 혼자 생활할 때와는 달리 학교에서는 선생님, 친구들과 함께 생활합니다. 여러 사람과 한 공간에서 함께 생활하기 때문에 혼자 있을 때와는 달리 다른 사람을 배려하고 다른 사람의 입장을 고려하면서 지켜야 할 여러 가지 예절이 생깁니다. 혼자 생활하는 것이 익숙한 아이들에게 이런 단체 생활에서의 예절을 지키는 것이 처음에는 귀찮고 번거로울 수 있습니다. 하지만 몇 가지 예절만 잘 습관화하면 혼자 있을 때보다 훨씬 재밌고 선생님 또는 친구들과 활발하게 소통하면서 신나는 학교생활을 만끽할 수 있습니다. 학교에서 지켜야 할 기본적인 예절을 알아볼까요?

인사 잘하기

잔소리같이 들릴 수도 있지만, 꽤 중요한 기본예절 중 하나가 바로 인사입니다. 인사로 모든 첫인상이 결정되기 때문이지요. 교실 안, 복도, 급식실, 운동장 등 학교의 여러 공간에서 만나는 수많은 아이들 사이에서 인사를 하는 아이와 안 하는 아이는 선생님들 뇌리에 박히는 인상이 확연히 다를 수밖에 없습니다. 물론 어떤 아이는 "옆 반 선생님께 인사했는데 선생님께서 안 받아 주셨어요."라며 푸념하기도 합니다. 워낙 바쁘게 돌아가는 학교에서 선생님들이 모르고 지나쳐 섭섭할 때도 있겠네요. 그래도 지속적으로 인사하는 아이와 그렇지 않은 아이는 선생님들께서 보고 느끼는 것이 완전히 차이 납니다. 인사 잘하는 아이는 선생님의 눈길을 한 번이라도 더 받게 되고, 예의 바른 태도가 몸에 배어 있다고 인식되어 더 좋은 인상으로 아이를 바라보고 대하게 됩니다. 특히 초등학교 선생님들은 예의와 말투를 중하게 여깁니다. 예의의 가장 기본인 인사, 아이들이 학교에서 좋은 인상을 남길 수 있도록 인사하는 연습을 시켜 주세요.

눈을 마주치고 대화하기

간혹 대화할 때 눈을 마주치지 않는 학생들이 있습니다. 대화를 할 때 눈을 마주치는 것은 진심을 보여 주는 행동이므로 꼭 갖추어야 할 태도입니다. 눈 맞춤은 선생님과의 친밀감 형성, 친구들과의 교우 관계 형성에서 매우 중요합니다. 인사를 하거나 대화를 할 때 눈을 마주치지 않으면 학교생활에서 자꾸 겉돌거나 뭔가 숨기는 듯한 느낌이 듭니다. 선생님과 이야기할 때도 눈을 마주치고 살짝 미소 지으며 말할 수 있다면 선생님도 학생을 더욱 친근하게 느끼게 될 것입니다. 선생님을 어려워하지 마세요. 1학년 선생님들은 귀여운 1학년 학생들과 친해질 준비가 되어 있답니다. 눈을 마주치고 마음의 창을 열어 대화할 수 있도록 아이에게 설명해 주세요.

위생 예절 지키기

학부모님의 어린 시절을 한번 떠올려 볼까요? 자신이 좋아했던 친구는 어떠한 친구였나요? 공부 잘하는 아이, 운동 잘하는 아이, 잘 웃는 아이, 예의 바른 아이, 잘생긴 아이, 예쁜 아이, 착한 아이 등 여러 친구들이 있었겠지만 깔끔하고 청결한 아이도 좋아하지 않으셨나요? 아이들은 어른보다도 후각에 민감합니다. 땀 냄새나 입 냄새가 나는 친구와는 가까이 지내려 하지 않는 경향이 있습니다. 지저분하다고 생각되는 아이가 내 짝이 되는 것을 싫어하고 괴로워합니다.

이것은 따돌림과는 다른 이야기입니다. 어른들도 청결하지 않은 사람들은 꺼리니까요. 자녀에게 깨끗하게 씻고 깔끔한 옷을 입어야 하는 것에 대한 중요성을 알려 주세요. 속옷이나 양말을 매일 갈아 신어야 하고 겉옷에 더러운 것이 묻지는 않았는지 살펴보는 습관을 지니도록 지도해 주세요. 또한 기침이나 재채기가 나올 때 옷 소매로 잘 가리고 고개를 돌려서 다른 사람이 없는 방향으로 해야 한다는 것을 알려 주세요. 실제로 기침이 나오는 상황에서 잘 실천할 수 있게 알려 주세요. 밥 먹으면서 말을 하다가 입 안의 음식물이 튀지 않게 해야 한다는 것도 잘 알려 주세요. 여러 친구들이 함께 생활하는 학교에서는 이런 예절이 생활 태도로 배어 있어야 합니다.

✦ 다정하게 말하기

어릴 때는 울음으로 표현해도 부모님이 찰떡같이 알아듣고 아이가 원하는 바를 잘 들어 주었을 것입니다. 부모님들은 내 아이의 손짓, 발짓만 보고도 아이가 무얼 원하는지 알고 척척 들어 주십니다. 하지만 초등학교에서 선생님과 공부하고 친구들과 함께 생활할 때는 그렇게 불명확한 표현은 통용되지 않습니다. 자기 생각이나 입장을 명확하게 말해야 불편함이 없습니다. 원하는 바를 정확하게 말로 표현할 수 있는 능력이 꼭 필요합니다. 이번에는 학교에서 의사 표현하는 방법을 알아보겠습니다.

매일 연습하고 점검해야 하는 말 연습

학교에서 단체 생활을 하다 보면 개별적인 요구 사항이 생깁니다. 친구에게 또는 선생님께 할 말이 생기는 것이지요. 이때 필요한 사회적 표현을 잘하는 것이 굉장히 중요합니다. 감정을 표현해야 하거나, 원하는 바를 분명하게 말하는 것은 학교생활에 적응하는 데 꼭 필요한 능력입니다.

따라서 가정에서 부모님과 대화를 할 때에도 이를 연습하는 것이 많은 도움이 됩니다. 말로 표현하는 능력이 부족한 아이들은 자신도 답답한 감정이 쌓이기 때문에 눈물을 보이거나 공격적인 방식으로 분노를 표출하기도 합니다. 감정적으로 흥분하지 않고 침착하게 대처하는 것, 소리를 지르거나 울지 않고 자신의 기분을 말로 표현하는 연습이 굉장히 중요합니다.

학교에서 추천하는 말 연습 3요소

아이가 어떤 상황에 대하여 감정을 표현해야 할 때, 적절하게 말하는 방법을 알려 주세요. 말만 잘해도 마음이 한결 가라앉고 원활한 소통이 가능해져서 아이가 학교를 좀 더 편안한 곳으로 인식할 수 있습니다. 말하기 연습을 할 때는 다음의 세 가지 요소를 알고 있어야 합니다. 이 '비폭력 대화법'은 상태를 탓하거나 말로 다른 사람의 마음에 상처를 주지 않으면서도, 내가 원하는 것을 명확하게 표현하여 대화가 원활하게 이루어지게 하는 방법입니다.

비폭력 대화법 3요소

① 객관적인 사실 + ② 나의 감정 + ③ 내가 바라는 것

예시)
① 엄마가 동생만 예뻐해서(X), 엄마가 동생만 안아 줘서(O)
② 내가 짜증 나, 화가 나, 질투가 나.
③ 엄마, 저도 사랑해 주세요.

친구와 다툼이 생겼거나 감정이 상했을 때는 ①, ②, ③번을 모두 말하도록 하는 것이 좋습니다. 그리고 담임선생님에게 급히 도움을 요청할 때는 빠르게 ③번만 말하도록 알려 주세요(예시_ 선생님, 도와주세요!).

① **객관적인 사실** : 특히 1번의 경우는 객관적인 사실만을 이야기 하도록 알려 주는 것이 좋습니다. 엄마가 동생만 예뻐한다는 표현은 객관적인 사실이 아니지요. 물론 아이는 자신이 느낀 대로 말하는 것이니 충분히 이해합니다. 이 시기의 아이들은 자기중심적이기 때문에 자신의 감정이 실제 사실이라고 생각하기 쉽습니다. 따라서 말하기 연습을 통해 먼저 상황을 객관화하는 시각을 갖게 도와주어야 합니다. 있는 그대로 모습을 설명하고 표현하는 연습을 시켜 주세요. 예를 들어, '저 친구가 나한테 시비 걸어서'가 아니라 '저 친구가 나한테 돼지라고 말해서'라고 말하도록 연습하는 겁니다.

② **나의 감정** : 다음으로 2번은 아이가 느끼는 감정을 적절한 단어로 표현하도록 도와주는 겁니다. 감정을 표현하는 단어는 다양하지만, 요즘 아이들이 쓰는 단어는 지나치게 한정적입니다. 특히 최근에는 기분이 좋을 때이든 상황이 안 좋을 때든 상관없이 극단적으로 "대박!" 또는 "미쳤다!"라는 단어로 표현하는 경우가 많은데, 이렇게 각각 다른 감정과 상황 속에서도 일방적으로 한두 가지의 단어만을 사용하는 것은 좋지 않습니다. 표현이 풍부하지 않으면 상대에게도 정확한 감정을 전달하지 못해서 공감을 형성하기 어렵기 때문입니다. 따라서 어렸을 때부터 다양한 감정을 나타내는 단어를 많이 알고 이를 생활 속에서 사용하면서 감정을 표현하고 드러내는 훈련이 필요합니다.

기분 좋은 감정: 기분 좋다, 만족하다, 뿌듯하다, 상쾌하다, 신기하다, 용감하다, 훈훈하다, 자랑스럽다, 감동적이다, 다행이다 등.

불쾌한 감정: 곤란하다, 귀찮다, 부끄럽다, 부담스럽다, 밉다, 지루하다, 어색하다, 불편하다, 창피하다, 후회한다, 피곤하다 등.

화나는 감정: 화나다, 분하다, 답답하다, 억울하다, 당황스럽다, 서운하다, 욱하다 등.

③ **내가 바라는 것**: 마지막으로 3번은 내가 정확히 원하는 것(바람)이 무엇인지를 들여다보고 이를 표현하는 것입니다. 그래서 내가 지금 바라는 것은 무엇인지 생각해 보고, 솔직하게 표현하도록 연습시켜 주세요. 아이들은 친구와 사이좋게 지내고, 부모님과 선생님께 사랑받고 싶어 합니다. 이러한 기분을 솔직하게 말하고, 원하는 것을 정중하게 요구하는 태도를 갖출 수 있게 지도해 주세요.

(예) 선생님, ① 제가 아끼는 연필을 친구가 제 허락도 받지 않고 가져가서 썼어요. ② 그래서 친구에게 정말 서운했어요. ③ 다음부터는 친구가 제 물건을 만지고 싶으면 미리 허락을 받았으면 좋겠어요.

(예) 친구야, ① 네가 나를 뒤에서 밀쳐서 나 넘어질 뻔했어. ② 나 정말 깜짝 놀랐었어. ③ 앞으로 밀치지 말고 조심히 해주면 좋을 것 같아.

✦ 폭력은 절대 금지!

아이를 학교에 보내면서 가장 많이 고민하는 부분이 바로 학교 폭력입니다. 내 아이가 폭력을 당할까 봐 걱정되기도 하지만 내 아이가 다른 친구에게 폭력을 행사하는 것도 걱정됩니다. 특히 이 부분은 가정에서 바로잡아 주어야 합니다. 그렇지 않으면 아이가 습관적으로 폭력을 행사할 수 있기 때문에 학교에서도 지도에 어려움을 겪습니다. 내 아이가 폭력을 당하면 마음 아프듯이 다른 아이가 내 아이에게 폭력을 당한다면 그 아이 부모도 가슴이 아플 거라는 사실을 기억해 주세요. 그러니 가정에서부터 철저히 폭력을 휘두르는 것이 나쁘다는 것을 알려 주셔야 합니다.

이런 장난은 못 하게 하세요

1학년 아이들은 친구의 몸을 건드리면 안 된다는 것을 배웁니다. 하지만 아이의 습관이나 평소 태도에 따라 이를 잘 지키는 아이도 있고 그렇지 못한 아이도 있습니다. 부모님 입장에서는 집에서의 아이 행동을 봤을 때 이 정도 몸짓은 귀엽다고 생각해서 별 제지를 하지 않으시거나 몸으로 노는 수준에 불과하다고 생각하기도 합니다. 하지만 어른이 받아들이는 아이 몸짓의 수준과, 아이들끼리 주고받는 몸짓의 체감 강도는 완전히 다르겠지요? 이 부분에 대해 별다른 문제의식이 없는 아이들이 학교에 오면, 아무 생각 없이 친구의 머리를 톡톡 때리거나 뺨을 툭 건드립니다. 그 친구를 싫어해서도 아니고 어떤 특별한 일이 있었던 것도 아닌데 습관처럼 손이 나가는 겁니다. 그러면 당한 아이가 집에 와서 "엄마, 나 오늘 친구에게 **뺨 맞았어.**"라고 전달하면 부모는 우리 아이가 학교 폭력을 당했다고 생각해 심장이 덜컥 내려앉는 것이지요.

또 특별한 이유 없이 언어적으로 놀리는 것도 마찬가지입니다. 그냥 재밌자고 한 말이지 딱히 잘못되었다고 생각하지 않는 것이지요. 1학년 교실에서의 이런 모습은 장난과 폭력의 차이를 구별하지 못해 벌어지는 현상입니다. 상대방이 싫다고 표현했는데도 상대를 배려하지 않고 일방적이고 지속적으로 친구를 괴롭히는 행동은 장난의 범위를 넘어선 폭력이라는 것을 알려 주어야 합니다.

가정에서 분명하게 알려 주세요

어떤 이유로도 신체적인 폭력과 언어폭력은 절대 해서는 안 된다는 것을 가르쳐 주세요. 학교에서 생활할 때는 서로 존중하고 배려해야 하고 친구의 몸과 마음을 다치게 해서는 안 된다는 분명한 기준을 세워 줘야 합니다. 부모님이 먼저 아이가 아직 어리니까 친구들끼리 놀다 보면 그럴 수도 있다고 생각해서는 안 됩니다.

아이가 실수를 할 수 있지만, 그렇다고 잘못된 행동을 용인해 주어서는 안 됩니다. 문제가 발생했을 때 즉시 그렇게 하면 안 된다는 것을 단호하고 분명한 말투로 보여 주셔야 합니다. 아이가 친구와 놀다가 친구에게 장난삼아서 하게 된 행동이어도 앞으로는 이러한 장난마저도 조심해야 한다고 가정에서부터 잘 일러 주세요. 학교생활에서 가장 중요한 것은 함께 생활하는 친구들을 배려하는 태도입니다.

입학 전에
미리 해 보면 좋은 것들

　이번에는 입학 전에 필수로 꼭 해야 하는 것은 아니지만, 미리 한 번 해 보고 오면 학교생활에 도움이 될 만한 활동들을 소개합니다. 이런 활동들은 실제 학교생활에 빠르게 적응하는 데에 도움이 됩니다. 완벽하게 마스터하고 온다는 생각보다는 미리 연습한다는 생각으로 가볍게 접근하는 것을 추천합니다. 즉, 완벽이 아닌 부담 없이 가뿐한 마음으로 시도한다고 여겨야 아이가 힘들어하지 않습니다. 잘 안되더라도 크게 걱정하지 마세요. 앞으로 초등학교에 다니면서 담임선생님께 더 배우고, 친구들과 연습하면서 조금씩 실력이 자라는 모습을 보실 수 있을 겁니다.

✦ 줄넘기

줄넘기는 초등학생에게 매우 좋은 운동입니다. 방법이 어렵지 않고, 금방 배울 수 있습니다. 특히 성장판을 자극하여 아이들의 운동 신경과 근육을 발달시키기 때문에 키 크는 데에도 도움이 됩니다. 그래서 대부분의 초등학교에서 줄넘기 활동을 합니다. 따라서 줄넘기를 미리 경험해 보고, 근처 공원이나 놀이터에서 가장 기본적인 동작(양발 모아 뛰기)을 연습해 보고 오면 좋습니다. 학교에서 본격적으로 줄넘기를 시작하기 전에 줄에 익숙해지고 줄을 넘기고 뛰는 동작과 친해지게 하기 위함입니다. 운동 신경이 뛰어난 아이들은 양발 모아 뛰기 동작이 익숙해져서 이리저리 화려한 기술을 뽐내기도 하는데, 1학년 때는 그 정도까지 연습해 올 필요는 없습니다. 기본 동작만 할 수 있게 연습시켜 주세요.

✦ 책 읽고 독서록 쓰기

독서록은 1학년 아이들이 어려워하는 부분 중 하나이기도 하고, 개별적인 수준에 따라 소화할 수 있는 난이도나 결과물이 천차만별입니다. 아직 한글을 완벽하게 떼지 않은 친구들

의 고충도 있고, 한글을 유창하게 할 수 있는 아이에게도 쉬운 일은 아닙니다. 책을 읽고 중요한 내용을 생각하여 기록하려면 자신의 생각을 조리 있게 정리할 수 있어야 하기 때문입니다. 아이의 한글 이해 수준에 맞게 간단히 제목만이라도 따라 적어 보거나, 책 속의 보물 같은 단어를 찾아 적어 보는 연습을 통해 독서록과 친해지게 해 주세요. 미리 독서록을 쓰는 연습을 해 보면 초등학교에 입학해서도 어려움 없이 독서록을 작성할 수 있습니다.

✦ 기록하는 습관

어린이집이나 유치원에서는 교사가 모든 준비물과 알림 사항을 부모님께 전달합니다. 하지만 초등학교에서는 이 내용을 아이들이 부모님께 전달하게 됩니다. 담임선생님에 따라 알림장 앱을 쓰기도 하고 아이들의 알림장에 그날의 알림을 꼼꼼하게 프린트해 주거

나 붙여 주는 경우까지 있습니다. 하지만 시간이 지날수록 알림장 기록의 책임이 교사에서 학생으로 옮겨집니다. 알림장을 꼼꼼히 챙겼다고 하더라도 수업 중에 선생님이 가정학습 과제를 자세히 설명하는 부분이나 준비물을 어떤 상태로 준비해 와야 하는지 등에 대해 학생 스스로 기억해 두거나 메모하는 습관을 들이는 게 좋습니다. 수업 시간에 선생님이 강조하는 내용, 해 와야 하는 일, 가져와야 할 것 등을 잘 기억하고 싶은 아이들은 평소 간단한 수첩을 소지하며 메모하는 습관이 있습니다. 따라서 입학 전에 아이가 메모하는 습관을 들일 수 있게 지도해 주면 학교생활에 도움이 됩니다.

✦ 시간의 개념과 시계 보는 법 알기

아이들은 시간 개념이 명확하지 않습니다. 유치원 때는 선생님들이 모든 것을 안내해 주고 하나하나 꼼꼼하게 챙겨 주셨지만, 초등학교에 오면 스스로 해야 할 것들이 많아집니다. 이때 시간의 개념을 알지 못한다면 학교생활이 쉽지 않습니다. 아이들이 알아야 할 시간 개념은 복잡한 것이 아닙니다. 아침에 일어나서 점심 먹을 때까지를 오전, 점심을 먹고 하교를 하는 시간을 오후라고 말한다는 것을 아는 것도 시간 개념입니다. 대부분의 초등학교 1학년 학생들은 11시 30분~12시 사이에 학교에서 급식을 먹습니다. 입학하기 전에 학교의 일정과 비슷하게 생활해 보는 것은 학교생활에 도움이 됩니다. 학교에서 오후 1시~2시에는 하교를 하므로 이 시간까지 가정에서 책을 보거나 공부를 해 보는 것도 시간 개념을 익힐 수 있는 좋은 방법입니다.

1장에 '진짜 공부가 시작되는 초등학교 - 수학편'에서 설명했다시피 1학년 수학에서 시계 보는 법은 간단하게 몇 시, 몇 시 30분 정도만 구별할 수 있는 범위 내에서 학습이 이루어집니다. 하지만 실생활에서 1교시는 몇 시에 끝나는지, 점심시간은 몇 시 몇 분까지인지, 하교 시각은 몇 시 몇 분인지 등 시계를 보고 활용할 일이 많기 때문에 시계를 잘 볼 줄 알면 학교생활의 전체적인 흐름을 파악하기에 좋습니다. 대부분의 선생님들께서 "긴 바늘이 6에 가면 정리하고 집에 갈 준비하세요." 이런 식으로 말하긴 하지만, 시계를 잘 본다면 장점이 많은 건 사실입니다. 따라서 시와 분 단위로 정확하게 시계를 보는 연습을 한번 해 보세요.

✦ 시험 문제 풀어 보기

선행 학습은 필수가 아니지만, 국어나 수학 문제를 간단하게 한

번 살펴보고 오는 것도 좋습니다. 문제에서 요구하는 내용을 파악하는 연습을 해 보는 것은 아이의 독해력 신장에도 도움이 됩니다. 실제로 1학년 아이들 중에 문제 풀이가 낯선 친구들이 많습니다.

"선생님, 괄호가 뭐예요?", "여기 ( )에 뭘 쓰라는 거예요?", "① 이라고 써요?", "7이라고 써요?", "기호가 뭐예요?", "＜보기＞ ㉠ ㉡ ㉢ 이 뭐예요?" 등등 질문이 빗발칩니다. 문제 풀이가 아직 익숙하지 않아서 그렇습니다. 물론 학교에서 공부를 하다 보면 점차 익숙해지지만, 집에서 문제 풀이를 미리 경험해 보고 오면 빈칸에 무엇을 써야 하는지 좀 더 쉽게 파악할 수 있겠지요?

✦ 쉬운 한자 공부

우리나라 말의 70%는 한자어로 이루어져 있습니다. 초등학교에 오면 본격적으로 다소 어려운 단어들을 접하게 됩니다. 이런 어휘들은 대부분 한자어이기 때문에 한자를 조금 알고 있으면 어려운 단어의 뜻을 유추할 수 있습니다. 예를 들어, 학교에 대해 공부하는 시간에 '교목', '교화', '개교기념일' 등의 단어가 나왔을 때, 校 학교 (교), 木 나무(목), 花 꽃(화), 開 열 (개) 등을 들어 봤거나 얼핏 알고 있으면 이 단어의 뜻을 좀 더 쉽게 이해합니다. 아주 쉽고 기초적인 한자를 접해 보세요. 학교 공부를 할 때나, 일상생활에서 다소 어려운 단어를 접했을 때 훨씬 유리합니다. 특히 아이의 문해력은 어휘에

대한 이해력도 포함되는데, 한자를 어느 정도 알고 있으면 어휘를
이해하는 속도가 빠르겠지요?

✦ 도서관 이용하기

평소에 아이와 함께 동네에 있는 도서관을 이용해 보세요. 학교
에 오면 학교 도서관을 이용하는데, 도서관을 한번 경험해 본 친구
들은 도서관을 능숙하게 이용합니다. 반면 도서관에 가 본 적이 없
는 친구들은 무엇을 해야 할지 몰라 당황합니다. "대출이 뭐예요?",
"반납이 뭐예요?", "연체는 뭐예요?", "저 그 책 잃어버렸어요.", "어제
반납한 것 같은데 연체됐다고 금요일까지 책 못 빌린대요.", "축구에
대한 책을 찾고 싶은데 어떻게 하면 돼요?" 등등의 질문이 여기저기
서 들리니 사서 선생님께서 난감해하십니다. 물론 이 역시 시간이
흐르면 익숙해지겠지만, 입학 전에 미리 도서관을 한번 방문해 보
는 것은 추천합니다. 부모님과 함께 책을 빌리고 반납하는 연습을
해 보면 학교 도서관을 더 손쉽게 이용할 수 있고, 책과 친한 아이
로 성장할 수 있습니다.

초등학교 입학 전에 읽으면 좋은 책

1) 입학 적응에 도움이 되는 책 10종

도서명	지은이(그림)
진짜 일 학년 시리즈	신순재 (안은진, 안신애, 이명애, 김이랑)
돼지 루퍼스, 학교에 가다	킴 그리스웰 (발레리 고르바초프)
오줌이 찔끔	요시타케 신스케
뭐든 될 수 있어	요시타케 신스케
나도 오늘부터 초등학생!	이아(소복이)
호랑이 샘이랑 미리 1학년	이선희(뜬금)
학교가 처음 아이들을 만난 날	아담 렉스 (크리스티안 로빈슨)
학교 가는 길	이보나 흐미엘레프스카
진정한 일곱 살	허은미(오정택)
노란 우산	류재수

2) 바른 생활에 도움이 되는 책 20종

도서명	지은이(그림)
나는요,	김희경
아무것도 하고 싶지 않은 곰	다비드 칼리(랄랄리몰라)
내가 말할 차례야	크리스티나 테바르 (마르 페레로)
바늘아이	윤여림(모예진)
들어와 들어와	이달(조옥경)
화 괴물이 나타났어	미레이유 달랑세
나쁜 씨앗	조리 존(피트 오즈월드)
생각으로 무엇을 할 수 있을까	코비 야마다(매 베솜)
엄마 오리 아기 오리	이순옥
동물 서커스	니시무라 토시오
민들레는 민들레	김장성(오현경)
내가 가장 듣고 싶은 말	허은미(조은영)
공감 씨는 힘이 세	김성은(강은옥)
사라지는 것들	베아트리체 알라마냐
느낌표	에이미 크루즈 로젠탈 (탐 리히텐헬드)
눈물바다	서현
친구의 전설	이지은
가시 소년	권자경(하완)
아홉 살 마음 사전	박성우(김효은)
구름빵	백희나

3) 문해력 향상과 상상력에 도움이 되는 책 10종

도서명	지은이(그림)
지구별 명작 동화 세트(1~33권)	인북
이파라파냐무냐무	이지은
이게 정말 나일까?	요시타케 신스케
세밀화로 그린 보리 어린이 도감 시리즈 (식물, 동물, 곤충 등)	보리
100층 짜리 집 시리즈 (하늘, 숲속, 바다, 지하)	이와이 도시오
위를 봐요	정진호
왜요?	토니 로스
고구마구마 / 고구마유	사이다
괴물들이 사는 나라	모리스 샌닥
지각대장 존	존 버닝햄

4) 1학년 학습 내용 연계 도서 20종

도서명	지은이(그림)
팥죽 할멈과 호랑이	서정오
수잔네의 봄, 여름, 가을, 겨울	로트라우트 수잔네 베르너
봄 여름 가을 겨울의 꿈	리사 아이사토(하디 엔지)
가족의 가족을 뭐라고 부르지?	채인선(배현주)
가족은 꼬옥 안아주는 거야	박윤경(김이랑)
가족의 가족	고상한 그림책 연구소 (조태겸)
꽁꽁꽁	윤정주
달 샤베트	백희나
수박 수영장	안녕달
냉장고가 사라졌다	노수미(김지환)
할머니의 여름휴가	안녕달
여름 텃밭에는 무엇이 자랄까요?	박미림(문종인)
팥빙수의 전설	이지은
아랫집 윗집 사이에	최명숙
솔이의 추석 이야기	이억배
가을에는 모두 바쁜가봐	줄리아나 그레고리
엄마는 겨울에 뭐하고 놀았어?	한라경(심예진)
안녕 겨울아	어린이 통합교과 연구회 (이지연)
흥부네 기와집 놀부네 초가집	박수연(장라영)
겨울 이불	안녕달

우리 아이의 초등학교 입학이 코앞으로 다가왔습니다.
입학식 전까지 빠진 것들이 없는지 꼼꼼하게 살펴보고
우리 아이가 안전하게 하교할 수 있는 방법과
추가로 준비를 할 수 있는 것들이 있는지 알아봅시다.

3장

초등학교 입학 준비
50~1day

① 입학 전에 필요한 준비물은 어떤 것이 있을까요?

② 우리 아이가 안전하게 하교할 수 있는 방법은 무엇이 있을까요?

③ 입학 하루 전 놓친 것은 없는지 꼼꼼하게 체크리스트 작성해 보기!

초등학교
입학 준비물 살펴보기

과유불급(過猶不及)이라는 말을 들어 보셨나요? '지나친 것은 모자란 것만 못하다.'라는 뜻이지요. 우리 아이에게 부족함 없이 해 주고 싶은 부모의 마음은 같겠지만, 지나치지 않고 적당한 것이 가장 현명한 선택입니다.

아이의 학교생활에 가장 필요한 것은 무엇일지 생각해 보고, 없는 것은 구입을 하고 집 안에 있는 것은 재활용하는 것도 아이를 위한 좋은 방법입니다. 부모의 이러한 자세는 아이가 올바른 경제 개념을 확립하는 데에도 큰 도움이 될 것입니다. 아이의 학교생활에 꼭 필요한 준비물에는 무엇이 있을까요? 어떤 것이 적당할까요? 함께 살펴보고 차근차근 준비해 보도록 합시다.

-◇- 책가방

내 아이가 학교에 가는 모습을 떠올려 보세요. 작고 귀여운 몸에 큰 가방을 메고 교문을 지나 학교로 걸어가는 모습은 상상만 해도 귀엽고 웃음이 절로 나면서도 참 기특한 장면입니다. 자신의 짐을 스스

로 챙겨 메고 가는 아이의 모습은 이제 정말 사회에 첫발을 내딛는 감동적인 장면이라 할 수 있습니다. 그만큼 책가방은 상징적인 의미입니다.

책가방을 구입할 때는 어떤 점을 주의해서 봐야 할까요?

- 아이가 여닫기 편한가?
- 아이가 들었을 때 가벼운가?
- 수납공간이 적절하게 구분되어 있는가?
- 가방 옆에 물병을 꽂는 별도의 주머니가 있는가?

초등학생의 책가방은 1~2학년(저학년)용 책가방을 사서 2~3년 정도 썼다가 3~4학년 올라가면서 고학년용으로 바꿔 준다고 생각하고 준비하면 됩니다. 저학년용 책가방은 약간 작고 고학년용 책가

방은 좀 더 많은 양의 책을 넣을 수 있도록 크기가 커집니다. 실제 학교 교육과정에서도 3학년이 되면 사회, 과학, 도덕, 음악, 미술, 체육 등의 교과서가 세분화 되면서 많아집니다.

혹여나 원격 수업을 하게 될 경우 많은 교과서를 가지고 다니기 위해서는 더 큰 용량을 소화할 수 있는 고학년용 가방이 필요하게 되는 시점이 3학년이 되는 시기입니다. 원격 수업을 하지 않아서 많은 양의 책을 갖고 다니지 않아도 된다면 1년 정도 더 썼다가 4학년 때쯤 고학년용 책가방으로 바꿔 주는 것도 좋습니다.

여닫기 편한가?

아이들이 쓸 가방은 여닫기 편해야 합니다. 특히 책상에 앉아서 책상 옆 가방 고리에 가방을 걸어 놓은 상태에서도 가방 문을 여닫기 편한 디자인인지 살펴보세요. 간혹 가방에 덮개가 달려 있는 디자인의 경우에는 책상에 앉은 상태에서 여닫기가 불편할 수 있습니다. 뚜껑이나 덮개가 있는 디자인보다는 지퍼로 되어 있어 아이들이 책상에 앉아 있어도 가볍게 손을 뻗어 지퍼로 가방을 열고 물건을 꺼낼 수 있어야 합니다. 겉보기에 예뻐도 아이들이 여닫기 불편한 디자인은 추천하지 않습니다. 아이들이 손가락으로 눌러서 열어야 하는 버클식은 손도 아프고 손가락이 끼어 다치는 경우도 있습니다. 그보다는 부드럽게 여닫기 편한 지퍼로 되어 있는 가방이 아이들에게도 편하고 쉽습니다.

가벼운가?

한때 일본식 초등학생 가방인 란도셀이 유행인 시절이 있었습니다. 이쁜 디자인에 비해 딱딱하고 무거운 재질의 책가방이라 메고 온 아이가 힘들어하는 모습을 본 적 있습니다. 이처럼 무거운 재질의 가방은 아이들이 메기도 불편하고 조금만 짐이 많아져도 너무 무거워서 아이들이 힘들어합니다. 따라서 아이들이 쓸 가방은 천 재질이 좋습니다.

란도셀이라고 불리는 가방은
추천하지 않습니다.

수납공간이 적절하게 구분되어 있는가?

수납공간이 너무 많지도 적지도 않도록 잘 구별되어 있는 디자인이 좋습니다. 수납공간이 너무 많으면 어디에 뭐가 들어가 있는지 몰라서 작은 주머니마다 필요 없는 쓰레기

가 차는 경우가 있고 정작 필요한 것은 어디에 뒀는지 몰라서 찾기 어려워합니다.

반면 수납의 구분이 너무 안 되어 있어도 작은 물건과 큰 물건이 가방 안에 뒤죽박죽 섞여서 아이들이 물건을 잘 못 찾습니다. 휴대폰을 가지고 다니는 아이들의 경우 휴대폰은 작은 주머니에, 책은

가방 큰 주머니에 넣고 다니도록 자리를 정해 주면 좋은데 아이가 가방 정리 규칙을 알고 잘 지키려면 주머니 디자인이 너무 복잡하지 않은 것이 좋습니다.

물병 수납 주머니가 있는가?

코로나19 이후에 아이들에게 개인 물병을 꼭 가지고 다니도록 권하고 있습니다. 코로나가 끝나도 개인위생을 위해 이 규칙은 계속 유지됩니다. 학교에서는 공용 물컵보다는 개인 물컵으로 물을 마시도록 가르치고 있습니다. 따라서 물병을 세워서 수납할 별도의 공간이 있는 가방이어야 아이가 물을 가방 안에 쏟아 가방이 젖는 일이 없겠지요?

✦ 개인 물병(작은 텀블러)

마스크를 장시간 쓰고 다니면 아이들은 목이 자주 마릅니다. 또 체육 활동이나 놀이 활동이 끝나면 아이들은 자연스럽게 물을 찾습니다. 학교에는 대부분 정수기나 음수대가 비치되어 있지만 공용으로 사용할 수 있는 물컵을 제공하지 않을 수도 있습니다. 공용 물컵을 사용할 경우 소독의 번거로움이 있기도 하고 혹시나 위생의 문제도 있을 수 있기 때문에 대부분의 학교에서 개인 물병을 매일 갖고 다니는 것이 좋습니다.

사이즈는 너무 작지도 크지도 않은 300~500ml 정도 용량이 적당합니다. 너무 큰 물병은 아이도 가지고 다니기 힘들어하기도 하고 아이들이 학교에서 그렇게까지 많은 양의 물을 다 먹지는 않습니다. 혹시나 그날 유난히 아이가 뛰어놀거나 땀이 많이 나서 물이 더 필요하면 그때 학교 음수대에서 더 받아 마셔도 됩니다. 괜히 큰 물병에 물을 가득 담아서 보내지 마시고 적당한 물병에 적당량을 담아서 보내 주세요.

일반 페트병 생수를 대량 구매해서 매일 바꿔 보내 주시는 경우도 있는데, 일반 생수병은 여러 아이들이 비슷한 걸 가져오기 때문에 생수병의 주인이 누구인지 헷갈리는 경우가 많습니다. 물병에도 이름을 꼭 써야 누구 것인지 구별할 수 있는데, 매일 바뀌는 페트병에는 이름 쓰는 걸 잊어버리시는 경우가 많지요. 아이들이 본인 스스로 쓰면 좋은데 그렇지 않고 시간이 지나버리면 페트병이 서로 한데 섞여서 주인을 찾기가 어려워집니다.

(O)

(X)

✦ 필통(연필 3자루, 지우개 1개)

필통은 천 재질에 지퍼로 열고 닫기 편한 필통을 준비합니다. 딱딱한 재질의 필통은 딸그락거리는 소리가 많이 나서 수업 중에 방해가 될 수도 있기 때문에 천 재질의 필통이 좋습니다. 화려한 캐릭터 디자인이 들어갔다거나, 게임 기능이 있다거나, 연필깎이가 내장되어 있는 필통 등의 경우 오히려 아이가 수업에 집중하는 데에 방해될 수 있으니 피하는 게 좋습니다.

연필은 진하고 잘 써지는 2B 연필로 세 자루 정도를 미리 집에서 깎아올 수 있도록 준비합니다. 아이들은 아직 손가락의 소근육

✏ 초등교사가 추천하는 연필과 지우개

더존 2B 연필 소근육 발달이 덜 된 아이도 진하게 잘 써지는 연필로 추천! 간혹 꼼꼼한 친구들은 연필 뚜껑도 준비해서 씌우는 경우가 있습니다. 아직 1학년에게 뚜껑은 관리하기 어려운 물건이지만 필요하다면 준비하고 연필 뚜껑에도 이름을 다 써 주세요.

아인 지우개 연필은 물론 잘못 색칠한 색연필도 잘 지워지는 최강 지우개! 지우개는 무조건 잘 지워지는 지우개로 준비해 주세요. 모양은 예쁜데 잘 지워지지 않는 지우개를 준비하면 아이들이 팔도 아프다고 하고 종이도 찢어집니다. 지우개는 크게 힘을 들이지 않아도 쓱쓱 잘 지워지는 단순한 모양으로 추천합니다.

이 발달하지 않았기 때문에 연필로 쓰기 활동을 하다가 연필심이 자주 부러집니다. 이때, 연필이 한 자루밖에 없으면 그때마다 연필을 다시 깎아야 하는 번거로움이 생깁니다. 연필은 세 자루 정도를 미리 준비해서 연필심이 부러질 때마다 다른 연필로 바로 교체해서 쓸 수 있도록 해 주면 좋습니다.

간혹 유행하는 캐릭터나 화려한 디자인이 들어간 연필을 가지고 오는 경우에는 집중에 방해가 되기도 하고 친구들의 시샘을 사는 경우도 있으니 단순한 디자인이 좋습니다. 가지고 있는 연필에는 모두 이름을 써야 합니다. 그렇게 해야 바닥에 떨어졌을 때 친구들이 주워서 이름을 보고 주인을 찾아 준답니다. 연필에 네임 스티커를 붙여 주셔도 좋고 아예 연필에 이름을 각인으로 새겨서 가져오는 경우도 보았습니다.

✦ 실내화

실내화는 아이의 발 사이즈에 잘 맞는 실내화로 준비해 주세요. 실내 체육활동이나 교실 놀이, 게임 활동 시 편하게 활동할 수 있는 실내화가 좋습니다. 슬

리퍼처럼 뒤꿈치가 트여 있는 디자인보다는 뒤꿈치가 완전히 막혀

있는 디자인이 활동하기 좋습니다. 흔히 볼 수 있는 하얀색 실내화가 가장 무난합니다. 실내화에도 역시 이름을 쓰는 것은 필수입니다. 네임펜으로 진하게 이름을 꼭 써 주세요.

간혹 크록스 스타일 실내화에 자신만의 개성을 드러내기 위해 지비츠(캐릭터 파츠)를 끼워서 보내시는 경우가 많은데, 개성을 드러내고 예뻐 보이는 것도 좋지만 학교생활에서는 방해 요소가 됩니다. 아이들이 자주 잃어버리기도 하고 계속 빠졌을 때 "선생님, 이거 끼워 주세요!"라고 하면 다른 많은 아이들을 돌보면서 지비츠를 끼워 줄 여유까지는 없는 경우가 많습니다. 따라서 저학년 때는 아이가 직접 관리하기 어려운 물건을 학교에 가져가지 않게 지도해 주는 것이 좋습니다.

✦ 마스크

대부분의 학교에서 마스크를 제공하지만, 보통 아이가 평소 편하게 느끼고 선호하는 마스크가 있을 겁니다. 그게 가장 편하고 크기도 적당하기 때 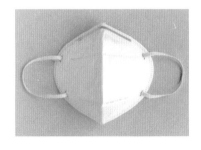 문이겠지요? 따라서 아이가 평소 편하게 쓰고 다니는 크기와 디자인의 마스크가 있으면 여분으로 준비해 두었다가 마스크가 더러워

졌을 때 바로 갈아 끼울 수 있도록 지도해 주세요.

✦ 우산

대부분 학교에서는 큼지막한 우산꽂이를 사용하기 때문에 2단, 3단 우산보다는 한 번에 쫙 펴지며 손잡이가 달린 우산이 좋습니다. 이런 우산이 구조가 간단하여 가볍고 쉽게 펼쳐질 수 있어, 아이들이 스스로 사용하기에 좋습니다. 또한 우산도 마찬가지로 이름을 꼭 써 주세요. 그리고 우산의 색상은 밝은 것으로 준비하는 것이 좋습니다.

준비해 두면 유용한 것들

네임 스티커 미리 넉넉하게 준비해서 입학 이후에도 필요할 때마다 붙일 수 있도록 해 두면 편리합니다.

라벨 프린터기 약 9만 원 대로 가격대가 비싸지만, 한번 구비해 두면 유용합니다. 아이 이름뿐만 아니라 필요한 글자를 그 자리에서 뽑아서 쓸 수 있습니다. ('당근마켓' 같은 중고 앱에서 구입을 저렴하게 하여도 좋습니다.)

입학 후에 사도
늦지 않는 것들

이번에는 입학 후에 천천히 사도 괜찮은 것들은 무엇이 있는지 알아보겠습니다. 첫날부터 당장 필요할 것 같아서 섣불리 아무거나 구매하기보다는 입학 이후 담임선생님의 안내를 잘 듣고 그에 따라 알맞은 것으로 구비하는 것이 좋습니다.

초등학교 예산에 어느 정도 준비물 구매 비용이 산정되어 있어서 굳이 사지 않아도 상관없을 수 있습니다. 그리고 담임선생님께서 학급을 운영할 때 좀 더 선호하는 스타일이나 물건의 종류가 조금씩 다르기 때문에 담임선생님의 안내를 듣고 그에 맞춰서 준비하는 게 좋습니다.

✦ 실내화 주머니

학교 환경에 따라 실내화 주머니를 들고 다녀야 하는 학교도 있고, 실내화를 신발장에 두고 다니는 경우도 있으니 입학 이후 안내에 따라 준비해도

늦지 않습니다. 실내화를 신발장에 두고 다니는 학교의 경우 주말에 실내화를 주머니에 가져가 빨아서 월요일에 다시 가져오도록 합니다. 이때 사용할 수 있는 작은 사이즈의 실내화 주머니, 에코백, 비닐봉지가 있으면 담아 오기 좋습니다.

✦ 색연필, 사인펜, 크레파스, 종합장, 10칸 공책 등

학습 활동에 필요한 준비물은 입학 후에 안내된 내용을 보고 구매해도 늦지 않습니다. 학교에서 예산을 마련하여 일괄적으로 학생들을 위해 구매해 놓는 경우도 있으므로 학

교에서 별도로 준비하라고 안내하는 것들만 구매하면 됩니다.

색연필이나 사인펜 등을 구매하거나 학교에서 제공했을 경우에도 마찬가지로 모든 색연필에 하나하나 이름을 써야 합니다. 이름

을 써야 하는 게 너무 많지요? 그래서 앞에 추천해 드린 네임 스티커를 미리 준비했다가 붙이면 편합니다.

✦ 가위

가위는 아이들이 얼마나 능숙하게 사용할 수 있는지에 따라 선택할 수 있는 제품이 달라집니다. 미리 준비하지 마시고 학교의 안내를 받은 뒤에 준비하세요. 대부분의 학교에서는 가위를 사용하기 전에 정확한 사용법과 안전하게 주고받는 법까지 충분히 가르친 뒤, 필요할 때만 가위를 나눠주고 사용하게 하고 평소에는 걷어서 보관합니다. 아이들도 가위의 올바른 사용법에 따라 조심해서 사용하고, 위험하게 사용하면 다친다는 것을 알게 됩니다. 이를 숙지하고 사용하면서 자신이 원하는 모양을 만들 수 있도록 가르치기에 담임선생님 안내에 따라 구비하면 됩니다.

✦ 딱풀

보통 사이즈별로 소, 중, 대(15g, 25g, 35g)로 나뉩니다. 중(25g) 사이즈를 사서 한 학기동안 사용하고 여름방학이 지난 뒤 2학기에 새것으로 교체해 주면 딱 적당합니다.

⊹ 파일(A4 클리어 파일, 서류 파일)

클리어 파일과 L자 파일은 모두 여러 장의 종이를 정리하거나 보관할 때 유용한 파일입니다. 둘 다 크기와 디자인이 다양하므로, 담임선생님의 안내를 듣고 그것에 맞게 구비하면 됩니다. 학습지나 작품이 구겨지지 않으면서도 넘겨볼 수도 있고 필요할 때 빨리 찾을 수 있다는 점이 좋습니다. 서류 파일 역시 마찬가지로 아이들의 학습지를 모아서 책꽂이에 정리할 수 있다는 장점이 있습니다.

⊹ 바구니

책상 서랍이나 사물함의 물건을 정리하기 위해 작은 바구니를 준비해야 할 수도 있습니다. 바구니를 준비한다면 아이가 스스로 넣고 빼기 편리한 크기를 고려해야 합니다. 따라서 담임선생님이 지정해 주는 크기로 준비하면 됩니다. 플라스틱 바구니는 가벼우면서도 내구성이 좋

아서 아이들이 쉽게 넣고 뺄 수 있는 게 좋습니다. 서랍 안에 색연필, 사인펜, 색종이, 풀 등을 보관할 수 있고, 사물함의 줄넘기, 물티슈 등을 보관할 때 사용할 수도 있습니다.

✦ 물티슈(친환경 물티슈)

물티슈는 용량이 너무 적은 것보다는 어느 정도 용량이 있는 것으로 준비해서 사물함에 넣고 수시로 사용할 수 있게 하면 좋습니다. 학교에 물티슈와 휴지가 비치된 경우가 있긴 하지만 아이들이 스스로 자신이 준비한 물티슈로 책상이나 의자를 닦도록 지도할 때 사용합니다. 요즘은 소독액이 묻어있는 살균용 물티슈를 준비하는 아이들도 있습니다. 코로나 이후 소독을 중요하게 여기는 학생들은 소독 물티슈를 사용하여 책상을 닦기도 합니다. 피부가 민감한 학생들은 인공적인 화학성분이 적게 들어간 물티슈를 준비해 오는 게 좋겠지요? 학생의 개별적인 특성과 학교의 상황, 담임선생님의 지도 스타일에 맞게 준비하면 됩니다.

학교에
가져오지 말아야 할 것들

아이들은 학교에 정말 다양한 물건을 가져옵니다. 개중에는 학교에 굳이 가져오지 않았으면 하는 물건들도 꽤 있습니다. 수업 시간 집중에 방해되기도 하고, 친구와 다툼 거리가 되는 경우도 있기 때문입니다. 친구가 가진 물건을 나는 갖지 못했다는 박탈감이나 위화감이 생기는 경우도 있습니다.

학교생활에 별로 필요하지 않으면서 오히려 독이 될 수 있는 물건들은 어떤 게 있을까요? 이번에는 초등학교 선생님의 관점에서 봤을 때 아이가 학교에 가져오지 않았으면 하는 물건들에 대해 이야기해 보겠습니다.

✦ 너무 많은 색의 색연필과 사인펜

1학년은 12색 색연필과 사인펜이면 충분합니다. 36색, 48색 등 너무 많은 색으로 구성된 색연필이나 사인펜은 좁은 책상 위에 올려놓았을 때 자주 떨어뜨리거나 잃어버릴 위험이 있습니다. 간단하게 12색으로 구성된 제품을 준비해서 아이가 편하게 관리할 수 있게 해 주세요.

✦ 연필식(수채화용 또는 전문가용) 색연필

아직 색칠 연습 중인 1학년 단계에서 전문가용 색연필은 필요하지 않습니다. 연필 형태로 되어 있어 심이 닳을 경우 깎아서 사용해야 하는 색연필은 아이들이 관리하기 어렵습니다. 연필을 깎는 데에 시간이 오래 걸리기 때문에, 아이들에게 맞는 단순한 구성의 색연필을 먼저 구비하는 것을 추천합니다.

✦ 연필 꾸밈용 캐릭터 피규어

연필 뒤쪽에 예쁘게 꽂아서 쓰는 캐릭터 피규어는 글씨 쓰기 활동에 방해가 됩니다. 예쁘게 꾸며서 쓰고 싶은 아이의 마음은 존중하지만, 학교에서는 그런 장식품이 집중에 방해가 됩니다. 옆 친구에게 자랑하고 빌려주었다가 잃어버리면 속상하고 눈물만 나기 때문입니다. 또 연필 뒤쪽에 장식품을 꽂으면 연필 뒤쪽에 무게가 실려서 연필을 잡을 때 힘이 더 많이 들어가게 되고 글씨를 쓰다가 금방 손목이 아프게 됩니다.

✦ 가방 장식용 키링

가방에 이것저것 예쁜 키링을 걸어서 나만의 개성을 표출하고 싶은 마음은 이해합니다. 하지만 가방을 메다가 툭 떨어져 깨지기도 하고 뛰어가다가 떨어져서 잃어버리면 속상해하기도 하지요. 또 수업 시간에도 치렁치렁 달린 키링을 만지느라 집중에 방해되고, 쉬는 시간에 친구들에게 보여 주느라 화장실 다녀올 시간도 놓치게 됩니다. 견물생심이라고, 예쁜 키링을 보고 갖고 싶은 마음이 드는 친구도 생길 수 있고, 도난당할 위험도 있습니다. 실제로 1학년 아이들 중에는 남의 물건을 훔치는 것이 잘못된 행동임을 알면서도 제어가 잘 안되는 친구도 간혹 있습니다. 애초에 나에게 소중한 물건을 학교에 가져오지 않아야 불미스러운 일이 생기지 않겠지요.

✦ 캐릭터 스티커

한때 포켓몬 띠부띠부 씰이라는 캐릭터 스티커가 크게 유행해서 편의점에 포켓몬 빵이 품절 사태를 겪고, 편의점 앞에서 포켓몬 빵

납품 트럭을 기다리는 학생들이 줄을 서기도 했습니다. 이 스티커가 유행하자 아이들이 이 스티커를 사 모아서 학교에 가져와 자랑을 하기도 하고, 자신이 좋아하는 친구들에게만 스티커를 선물해서 환심을 사기도 했습니다. 스티커를 선물 받지 못한 친구들은 상대적 박탈감을 느끼기도 했고, 심지어 돈으로 주고받으며 거래하는 일도 있었습니다. 요즘 어른들이 당근마켓 등으로 중고 거래를 활발하게 하는 모습을 접하다 보니 아이들도 자연스럽게 중고 거래에 눈을 뜨는 겁니다. 하지만 학교에서 이렇게 돈거래를 해서는 안 됩니다. 그러니 아이가 소중히 여기는 캐릭터 스티커나 다른 물건은 집에서만 사용해야 한다고 지도해 주세요.

우리 아이
하교 후 계획 세우기

학교에는 학년에 따라 적용되는 공통된 '시정'이 있습니다. 우리가 흔히 말하는 시간표와 일정을 말하는 것입니다. 아이들이 학교에 오면 정규 수업 시간에 맞춰 수업을 듣고 학교가 끝나면 방과후교실이나 돌봄교실에 참여합니다.

방과후교실은 1~6학년까지 다양한 프로그램으로 짜여져 있고 돌봄교실은 저학년인 1~2학년 학생들을 대상으로 운영됩니다. 특히 돌봄교실은 학교의 사정에 따라 신청하면 모두 수용이 될 수도 있고 그렇지 않을 수도 있습니다. 맞벌이 가정의 경우 아이들이 정규 교과 시간이 끝나고 부모가 퇴근할 때까지 아이들이 어떻게 시간을 보낼지를 미리 생각하고 계획해야 합니다. 4~5시까지 아이를 오후 내내 맡아 주는 유치원과는 다르게 초등학교는 1~2시에 맞춰 수업을 듣고 하교합니다. 따라서 그 이후의 스케줄을 계획해 두어야 합니다. 우리 아이들이 하교 후에 알차게 시간을 보낼 수 있는 방법에는 무엇이 있을지 살펴보도록 합시다.

✦ 돌봄교실

돌봄교실은 맞벌이 가정을 위하여 1~2학년 학생들을 대상으로 오후에 보육을 맡아 주는 교실입니다. 학교 정규 수업이 끝난 뒤 보호자가 데리러 오기 어려운 학생들은 돌봄교실을 신청하면 학교 수업 후 돌봄 전담 선생님께서 아이들을 돌봐 주십니다. 보통 오후 5시경까지 운영되지만 저녁 8시까지 확대하여 운영하는 곳도 있습니다.

소규모 학교의 경우에는 돌봄교실에 전체 학생들을 모두 수용할 수 있지만 대규모 학교의 경우는 자리가 한정되어 있어 규정에 따라 우선순위에 해당하는 학생들을 먼저 선발하고 이후는 추첨을 통해 결정됩니다. 돌봄교실 우선 배정은 기초수급대상 가정, 한부모 가정, 맞벌이 가정입니다. 우선 배정 이후 자리가 더 있으면 많은 학생들을 수용합니다.

돌봄교실의 장점은 유치원처럼 보호자가 올 때까지 아이를 맡아 돌봐 주고 간식도 먹이는 등 아이를 챙겨 주기 때문에 입학 초기에

대상 초등학교 1, 2학년 중 기초수급대상 가정, 한부모 가정, 맞벌이 가정의 자녀를 우선순위로 선정합니다. 돌봄 신청자가 적으면 1~2학년 전체나 3학년까지 확대하기도 합니다.

운영 시간 돌봄교실은 방과후수업이 끝나고 집에 가기 전까지 시간이 뜨는 아이들을 대상으로 운영합니다. 일반적으로는 오후 6시까지 운영되는 경우가 많습니다. 다만, 일부 학교에서는 오후 8시까지 운영되는 경우도 있으니 학교에서 운영 시간을 확인하는 것이 좋습니다.

돌봄교실 비용 돌봄 비용은 없지만, 약간의 식비(4,000~6,000원)나 간식비(1일 약 2,000원)가 있습니다.

프로그램 보육 위주의 프로그램(과제, 독서, 놀이, 휴식 등)을 운영하며, 외부 강사(체험 프로그램)를 초빙하기도 합니다.

학교 밖 돌봄 서비스

학교 내 돌봄교실을 이용하지 못하게 되었을 경우 학교 밖 돌봄 서비스도 찾아서 이용해 볼 수 있습니다. 관할 주민센터나 복지관에서 운영하는 지역아동센터가 대표적이며, 늘봄교실, 우리동네 자람터 등 각 지자체별로 지역 실정에 맞는 학교 밖 돌봄 서비스를 제공하기 위해 노력하고 있습니다. 그리고 여성가족부에서 운영하는 아이 돌봄 서비스는 만 12세 이하 아이들을 아이 돌보미가 직접 찾아가 돌보는 서비스이니 미리 홈페이지에서 신청을 하는 것이 좋습니다.

마음이 조금 더 놓인다는 점입니다. 학교 안에 있는 교실에서 맡아 돌봐 주기 때문에 그만큼 인기가 많아서 경쟁이 치열합니다.

✦ 방과후학교

방과후학교는 학교 수업이 끝난 후 보충하고 싶은 과목을 수강하여 듣는 형태입니다. 입학 전 또는 입학 초기에 수강 신청을 하면 됩니다. 방과후학교도 돌봄교실과 마찬가지로 학교 상황과 규모에 따라 모든 학생들을 수용하지 못할 경우 추첨을 통해 학생들을 선발합니다. 보통 방과후학교는 입학식 다음 날부터 수강 신청을 받고 일주일 이내에 추첨해서 결과를 알려 줍니다. 학교에 따라 입학

전부터 방과후학교 신청 및 추첨까지 끝내는 학교도 있습니다.

방과후학교는 학교 내에서 정규 수업이 끝난 뒤 개설되는 다양한 강좌들 중 선택할 수 있게 하여, 학생들에게 원하는 교육을 제공하고 사교육비를 줄이는 데 기여하기 위해 만들어졌습니다. 하지만 예산 문제, 학교 상황과 교실 수급 문제, 강사 수급의 문제 등이 있어 모든 학생들에게 필요한 만큼의 수업을 제공하기 어려운 경우도 있습니다. 따라서 방과후학교를 신청한다고 다 들을 수 있는 것이 아니라 추첨에 선정되어야만 수강할 수 있습니다. 학원비를 줄이겠다는 목표에 다가가기에는 문턱이 높다고 느껴진다고요? 워낙 경쟁이 치열하니 아예 처음부터 포기하고 학원으로 눈을 돌리는 분들도 계신다는 학부모님의 푸념도 있어서 아쉽습니다. 하지만 학교마다 실정에 맞는 양질의 강좌를 열기 위해 많은 노력을 하고 있습니다.

방과후학교 신청 방법

방과후학교 신청 방법은 지역별, 학교별 실정에 따라 조금씩 차이가 있을 수 있습니다. 하지만 일반적으로는 3개월 단위로 나누어 수강 신청을 하는 학교가 있고, 6개월 단위로 신청을 받는 학교도 있습니다.

모집 인원이 초과될 경우 추첨을 통해 최종 대상 학생을 확정합니다. 이후 중간에 취소하는 학생이 있거나 강좌를 신설하는 등 다양한 이유로 학생 수 변동이 있을 경우 추가 모집을 통해 한 번 더 신청을 받기도 합니다. 학교에서 배부하는 방과후학교 가정통신문을 잘 확인하고 스케줄에 맞게 신청하면 됩니다.

✦ 학원

돌봄교실과 방과후학교는 추첨에 떨어지면 가고 싶어도 다닐 수 없기 때문에 어쩔 수 없이 학원을 알아보게 됩니다. 따라서 학교 앞에는 하교 시간에 맞춰 학원 차가 와서 아이들을 태우기 위해 기다리는 모습을 볼 수 있지요. 아이와 함께 상의하고 학원에 방문하여 상담을 받아 본 뒤 다니고 싶은 학원을 결정하고 시간을 맞추면 됩니다.

모든 스케줄이 끝난 뒤 귀가하는 방법은 어떻게 할지도 아이와 미리 상의하세요. 혼자서 집에 올 것인지, 보호자가 데리러 갈 것인지 미리 알려 주면 아이도 그에 따라 준비를 할 수 있고 아이를 봐 주시는 돌봄 선생님이나 학원 선생님들도 이를 미리 숙지하고 아이들에게 귀가 지도를 할 수 있습니다.

안전한
등·하굣길 연습하기

자, 이제 아이와 함께 학교 오가는 길을 알아보겠습니다. 아이들이 앞으로 6년간 다니게 될 길입니다. 미리 연습해 보면서 익히게 하면 좋겠지요? 또 이 길을 오고 갈 때 주의해야 할 점은 없는지 미리 살펴보세요. 위험한 장애물은 없는지, 어느 지점에서 어느 길로 가야 하는지, 부모님과의 약속 시간에 늦으면 어떻게 해야 하는지 등 아이의 등하굣길에서 생각해 볼 수 있는 여러 가지 변수를 체크해 보는 겁니다. 아이와 함께 등하굣길을 걸으며 아이의 입장을 고려하여 이야기를 나눠 보세요. 대화를 나누고 연습하다 보면 아이에게 어떤 부분을 잘 알려 줘야 할지, 어떤 부분은 아이를 믿고 맡길 수 있을지 보이실 겁니다.

✣ 학교 가는 길, 눈으로 익히기

입학 전, 주말이나 다른 여유 시간을 내어 아이와 함께 학교 가는 길을 걸어 보세요. 학교를 오고 가는 길이 어떨지 아이에게 보여 주면 아이가 입학 이후 학교를 좀 더 친숙하게 여기고, 학교에 대해 설레고 긍정적인 마음을 갖게 하는 데 도움이 됩니다.

또한 입학 이후에도 학교가 끝나면 집에 어떻게 가야 하는지 아이가 미리 상상하고 마음의 준비를 하는 데 도움이 되지요. 차를 타고 등·하교를 하게 된다면 입학 전에 차를 타고 학교에 가는 길을 창밖으로 살펴보면서 가는 길을 눈으로 익히면 좋습니다. 학교라는 낯선 곳에 오고 가는 길을 눈에 익혀 둠으로써 마음의 준비를 하도록 하는 것입니다.

✣ 교통 규칙 반복 연습하기

횡단보도를 건너야 하는 경우 교통신호를 지키고 안전하게 걷는 법을 반복해서 지도해야 합니다. 생활 속에서 최대한 많이 연습하는 것이 좋습니다. 아이들에게 아무리 교통안전을 강조해도 미리 반복해서 연습해 두지 않으면 상황에 따라 돌발 행동을 할 때가 있습니다.

비가 오니까 비를 피하기 위해 빨리 뛰어가야 한다고 생각하고, 학원 수업에 늦을까 봐 마음이 급해서 횡단보도를 뛰어 건너가려고 하게 되는 겁니다. 아이로서는 전부 이유 있는 행동이지만, 실제로는 상당히 위험합니다.

이를 사전에 방지하기 위해 부모님께서 반복적으로 안전하게 건너는 연습을 해 주는 것이 필요합니다. 조금 늦더라도 교통 규칙을 잘 지켜 안전하게 가는 것이 더 중요하다는 것을 꼭 알려 주세요. 물론 어린이보호구역(School Zone)에서 모든 차들이 속도를 줄이는 것은 기본적인 교통 법규여서 운전자들이 감속 운전을 하지만, 그럼에도 갑자기 툭 튀어나오는 초등학생들이 있으니 위험합니다. 초등학생 아이들의 특성상 교통안전에 부주의할 수밖에 없습니다. 이는 철저한 교육이 필수입니다. 평소 학교에서 안전교육을 받아도 가정과 생활 속에서 직접 실천하여 몸으로 체득하는 것이 가장 중요하기 때문에 교통 규칙을 지키는 습관이 들 때까지 연습을 많이 하는 것이 정답입니다.

특히 최근에는 길을 걸어 다니면서 스마트폰을 하는 초등학생들, 일명 스몸비족(스마트폰과 좀비의 줄임말로 스마트폰에 정신이 빼앗겨 좀비처럼 걸어 다니는 모습을 빗댄 신조어) 초등학생이 많습니다. 횡단보도를 건너면서도 스마트폰을 보느라 교통 신호에 집중하지 않으면 정

말 위험하니 꼭 앞을 보고 걷도록 지도해 주세요.

차를 타고 등·하교하는 학생들도 안전하게 차를 타고 내리는 연습을 충분히 시켜 주세요. 부모님 차를 발견해서 반갑다고 무작정 뛰어오지 말 것, 교통 신호를 잘 보고 좌우를 살핀 뒤 안전한 곳에 차가 멈춘 것을 확인한 뒤 차에 타고 내릴 것, 내릴 때는 혹시나 뒤에 오는 오토바이나 자전거가 없는지 확인한 뒤 문을 열 것, 긴 옷이나 태권도 띠가 길게 늘어져 문에 끼일 염려가 있진 않은지 확인할 것 등을 반복해서 지도해 주셔야 합니다.

횡단보도 건너기

횡단보도를 건너는 연습을 많이 해 봅시다. 빨간불에 멈추고, 초록 불이 켜지면 손을 들고 좌우를 살핀 뒤, 차가 완전히 멈춘 것을 확인하고 건너는 연습을 합니다. 초록 불이 깜빡일 때는 곧 신호가 바뀐다는 뜻이므로 무리해서 건너지 말고 다음 신호를 기다려야 한다는 점도 알려 주세요.

신호등이 없는 길 건너기

신호등이 없는 일반 보도를 건널 때는 반드시 좌우를 살피고 차가 없는 것을 확인한 뒤에 손을 번쩍 들고 건너야 합니다. 또한 차가 온다면 차가 멈춘 뒤 운전자와 눈을 마주치고 나서 건너야 합니다.

무단횡단 금지

급히 가야 할 때라도 무단횡단을 하면 안 됩니다. 보행 신호에 따라 안전하게 건너거나, 인도와 보도를 이용하여 안전한 건널목을 찾아서 건너는 연습을 해야 합니다.

✦ 하교 후 애매하게 남는 시간 대비하기

보호자가 올 때까지 기다렸다가 하원하는 유치원과는 다르게, 초등학교는 수업이 끝나면 아이들이 우르르 교실 밖으로 뛰쳐나갑니다. 학교는 일찍 끝났는데 학원은 아직 시작하지 않은 애매한 시간, 부모님 두 분 다 직장에 있는 시간이거나 갑작스러운 이유로 부모님이 약속한 시간에 데리러 오기 어려운 상황이 발생하는 등 다양한 이유로 보호자 없이 아이가 이 시간을 혼자서 보내야 하는 경우가 생길 수 있습니다. 학교가 끝나고 다음 스케줄까지 남는 시간이 생긴다면 이럴 때 어떻게 대비해야 할지 고민되시죠?

자, 이럴 때 남는 시간이 생기면 어떻게 할 것인지 아이에게 미리 알려 주고 연습을 하는 게 좋습니다. 보통 학교 운동장이나 근처 공원에 대기하면서 부모님이나 학원 차를 기다립니다. 학교에서 꺼 두었던 휴대폰 전원을 켜서 소리 모드로 바꾸는 연습을 해 보고 부모의 전화벨 소리나 미리 설정된 알람 소리를 잘 들을 수 있게 해서 각 상황마다 어디에서 어떻게 행동할지 알려 주는 것도 하나의 방법입니다.

이때 혹시라도 아이가 안전하지 못한 곳에서 배회하지 않도록 해야 합니다. 교실, 학교 운동장이나 도서관에 있으면 학교 선생님과 배움터 지킴이 선생님, 사서 선생님과 함께 있으니 안전하고, 아니면 근처 놀이터나 근린공원에서 친구들, 이웃들과 함께 있으면 비교적 안전합니다. 따라서 평소에 학교 운동장이나 근처 놀이터 또는 공원이 아이에게 익숙한 장소라면 좋겠지요?

그리고 낯선 사람이 도움을 요청하거나 불러도 따라가지 않아야 한다는 것도 반드시 알려 줘야 합니다. 아이들은 보통 누가 도움을 요청하면 반드시 도와줘야 한다는 인식이 있습니다. 하지만 나보다 힘도 세고 덩치도 큰 어른이 아이에게 도와달라고 하는 것이 흔한 상황은 아니지요. 또 맛있는 간식이나 장난감을 사 주겠다고 하면서 따라오게 하는 것도 반드시 경계해야 한다는 점을 잘 알려 주세요. 학교는 물론 유치원이나 어린이집에서 유괴예방교육을 하고 있지만 가정에서도 다시 한번 잘 알려 주시는 것이 다양한 상황에서 아이가 대처하는 데에 도움이 됩니다.

또한 평소 부모님 전화번호를 외워 두고, 필요할 때 바로 연락하는 습관을 들이게 해 주세요. 평소에 집 전화나 콜렉트콜 등으로 부모님께 직접 전화를 거는 연습을 해 보는 것도 좋은 방법입니다. 아이가 돌발 상황에서 부모님께 연락을 취하는 방법을 알 수 있도록 미리 지도하고 연습시켜 주세요.

초등 입학 체크리스트(아이용)

⚓ 준비 사항

□ 학교에 갈 생각을 하면 설레어 하나요?

□ 일찍 자고 제시간에 일어나나요?

□ 화장실에서 스스로 용변 처리를 하나요?

□ 스스로 수저를 사용하여 밥을 잘 먹나요?

□ 옷의 단추나 지퍼를 스스로 여닫을 수 있나요?

□ 물건을 쓰고 나서 제자리에 두나요?

□ 필통에 연필과 지우개를 챙겨 넣을 수 있나요?

□ 공부 시간과 쉬는 시간을 구별할 수 있나요?

□ 학교 가는 길을 알고 있나요?

□ 학교가 끝나면 어떻게 해야 하는지 알고 있나요?

생활편

⚓ 준비 사항

□ 인사를 잘하나요?

□ 친구에게 다정하게 말하나요?

□ 내 마음을 말로 잘 표현할 수 있나요?

□ 다른 사람이 말할 때 끝까지 들어주나요?

☐ 미디어는 약속한 시간에만 보나요?

☐ 해야 할 일에 집중하나요?

☐ 하기 싫은 일이어도 끝까지 하려 노력하나요?

☐ 놀이나 게임을 할 때 규칙을 지키나요?

☐ 친구와 의견이 다를 때 다투지 않고 해결하나요?

☐ 속상한 일이 있을 때 친구를 상처 주지 않고 해결하나요?

🔍 준비 사항

☐ 내 물건에 이름을 쓸 수 있나요?

☐ 의자에 바른 자세로 앉을 수 있나요?

☐ 바른 자세로 연필을 잡을 수 있나요?

☐ 손힘을 주어 선을 그을 수 있나요?

☐ 색연필과 사인펜, 크레파스를 바르게 사용할 수 있나요?

☐ 풀, 가위를 바르게 사용하는 법을 알고 실천하나요?

☐ 매일 15분 이상 책을 읽나요?

☐ 한글 모음자를 알고 읽을 수 있나요?

☐ 한글 자음자를 알고 읽을 수 있나요?

☐ 1부터 99까지의 수를 알고 읽을 수 있나요?

초등 입학 체크리스트(학부모용)

🖋 준비 사항

□ 초등학교에 대한 긍정적인 마음가짐을 가지고 있나요?

□ 취학통지서를 발급받았나요?

□ 예비 소집일에 아이와 함께 참석했나요?

□ 입학 전 안내문 내용을 꼼꼼히 읽어 보았나요?

□ 입학 전 필수 예방접종을 완료했나요?

□ 책가방을 포함한 기본 준비물을 갖추었나요?

□ 아이가 해야 할 일을 알려 주고 스스로 하는 습관을 가질 수 있게 도와주었나요?

□ 요일별로 하교 후 스케줄(돌봄교실, 방과후학교, 학원 등)을 세팅하였나요?

□ 아이와 함께 등·하굣길을 연습하고, 발생할 수 있는 돌발 상황에 대처법을 알려 주었나요?

□ 입학식 시간과 장소를 확인하고, 입학식에 가기 위한 준비를 했나요?

드디어 우리 아이가 초등학교에 입학했습니다.
아이가 입학만 하면 이 모든 여정이 끝나는 줄 알았는데,
앞으로 더 알아야 할 것이 산더미처럼 쌓여 있습니다.
이번 장에서는 아이의 학교 적응을 위한 루틴을 만드는 법부터
학기 초에 필요한 것은 무엇인지까지 정리해 보았습니다.

4장

두근두근
초등학교 입학식과 등교

① 두근두근 우리 아이의 입학식!

② 우리 아이 학교 적응을 위한 루틴 만들기!

③ 학기 초에는 어떤 서류를 내야 할까요?

기다리고 기다리던
초등학교 입학

초등학교 입학식은 아이의 교육 여정의 첫 단계입니다. 중학교, 고등학교, 대학교는 모두 입학식을 진행하지만, 초등학교 입학식은 모든 교육 여정의 시작이기 때문에 더욱 의미가 큽니다. 실제로 입학식에서 눈시울을 붉히며 감동하는 학부모를 쉽게 찾아볼 수 있습니다. 아기 같기만 하던 우리 아이가 어느덧 성장하여 학교에 다니는 것이 뿌듯하면서도 모든 것이 이제부터 시작된다는 부담감도 함께 느껴지기 때문입니다.

초등학교에 입학하는 순간부터 아이의 앞에는 많은 일들이 기다리고 있습니다. 선생님과 친구들의 도움을 많이 받았던 유치원 시절과는 달리, 이제는 스스로 할 일도 많아지고 책임감도 커집니다. 또한 학업에 대한 부담감과 스트레스는 물론이고 대인관계에서의 어려움도 겪게 됩니다. 따라서 초등학교 1학년은 아이가 학교에 잘 적응할 수 있도록 부모님의 도움이 필요한 시기입니다. 아이를 위해 부모님은 어떤 역할을 해야 할까요? 차근차근 알아보도록 하겠습니다.

✦ 감동적인 입학식!

코로나 팬데믹 시기에는 입학식도 하지 못하고, 아이들이 학교 문턱조차 넘지 못했던 시기가 있었습니다. 다행히 사태가 어느 정도 진정되어 지금은 대면 입학식이 가능해졌습니다. 자기 몸만큼이나 큼지막한 가방을 메고 의젓하게 걸어가는 뒷모습을 보면서 남몰래 눈물을 훔치는 부모님들도 많습니다. 감동의 입학식은 어떻게 진행되는지 알려드리겠습니다.

✦ 초등학교 입학식은 꼭 참석하기!

전국 모든 학교에서는 매년 3월 2일에 입학식을 열고 있습니다. 만약 3월 2일이 주말인 경우에는 보통 다음 주 월요일에 열리며, 시작 시간은 10시~10시 30분 사이이고, 대개 11시 30분~12시까지 진행됩니다.

이날만큼은 직장에 연차를 써서라도 꼭 참석하세요. 다시 없을 감동의 시간이니까요. 저는 제 아이들의 초등학교 입학식을 가 보지 못해 두고두고 아쉬웠습니다. 저처럼 직업 특성상 3월 2일에 시간을 내지 못하는 경우라면 어쩔 수 없겠지만(부모님이 안 오셔도 입학식에 차질이 생기는 건 아니니 걱정 마세요.) 그렇지 않다면 휴가를 써서 아이의 입학식에 참여하시기 바랍니다. 특히 초등학교 입학은 아이들이 본격적으로 사회에 첫발을 내딛는 특별한 날인 만큼 시간을 내서 아이의 첫걸음을 축하해 주세요!

대부분의 입학식은 운동장, 강당이나 체육관에서 약 20~30분 정도로 진행되며, 교장선생님, 교감선생님, 담임선생님을 소개한 후 간단한 절차가 끝나면 각 교실로 이동합니다. 교실에 가서 아이들은 자기 자리를 확인하고 1년 동안 쓸 책상과 의자에 처음 앉아 보게 됩니다. 그리고 담임선생님의 안내에 따라 학교생활에 필요한 자세한 정보를 듣게 됩니다. 이때 안내되는 내용을 잘 듣고 1년간 어떤 분위기에서 아이가 학교생활을 할지 생각해 보세요.

입학식 날은 대부분 학교 급식은 하지 않고 식이 끝난 뒤 바로 하교합니다. 따라서 여유가 되신다면 점심에 외식을 하거나 즐거운 분위기로 아이의 입학식을 다시 한번 축하하는 시간을 갖는 것도 좋습니다. 이후 집에 오면 오늘 하루 긴장한 아이에게 수고했다고 칭찬해 주시고 집에서 푹 쉬게 해 주시면 더 좋습니다. 가능하면 다른 스케줄을 빼고 집에서 푹 쉬면서 아이와 함께 책가방을 챙기는 연습을 해 주세요. 내일부터 본격적인 학교생활을 준비해 봅시다!

입학식 때 어떤 옷을 입어야 할까요?

입학식 날 예쁘고 멋있게 입히고 싶은 부모의 마음은 잘 알지만, 아직 날씨도 쌀쌀하고 몸도 많이 긴장된 상태이기 때문에 너무 춥거나 불편한 옷은 입히지 않았으면 합니다. 타이트한 자켓에 구두를 신는 것보다는 따뜻하고 활동하기 좋은 옷과 운동화를 착용하여 편안하고 행복한 입학식을 맞이하는 것이 컨디션 조절에도 좋고 학교에서의 첫 출발을 밝고 씩씩하게 할 수 있습니다.

여학생들의 경우 교복 스타일의 다소 짧은 치마에 스타킹을 예쁘게 신기는 경우가 많은데 아이가 춥지 않도록 두꺼운 스타킹을 입히는 게 좋습니다. 엄마도 마찬가지입니다. 따뜻하고 편하게 입으세요. 너무 얇게 입고 높은 구두를 신고 긴장한 채 입학식에 참석하셨다가 다음 날 몸살이 나서 고생하시는 어머님들도 꽤 많이 봤습니다.

입학식에는 조금 일찍 도착해 보아요!

학교와 정식으로 만나는 첫날이니 아침에 일찍 일어나 예정 시간보다 20분 정도 일찍 학교에 오는 것을 권합니다(입학식이 10시에 시작이라면 9시 40분쯤 학교에 도착하는 것이 좋습니다.). 일찍 학교에 와서 부모님과 함께 미리 학교 구경도 하고, 화장실도 미리 확인해 보면서 학교 공간에 익숙해지면 긴장을 푸는 데도 도움이 됩니다.

✦ 담임선생님은 어떤 분일까?

아이와 함께 1년간 생활하게 될 담임선생님은 어떤 분일까요? 부모님과 아이 모두에게 가장 궁금하고 긴장되는 부분일 것입니다. 담임선생님은 직접 아이를 지도하며 많은 영향을 주는 분이니 궁금해하시는 것도 당연합니다.

입학식을 통해 교감선생님께서 1반부터 끝 반까지의 담임선생님을 발표하고 이제 아이와 선생님이 만나게 됩니다. 이때 담임선생님을 만나고 반응하는 학부모의 자세가 굉장히 중요합니다. 아이와 1년간 함께 생활할 분이기 때문에 선생님의 이미지를 긍정적으로 심어 주어야 합니다. 그래야 아이가 안심하고 학교에 잘 다닙니다. "담임선생님이 호랑이 선생님인가 봐. 엄청 무서울 것 같은데?"라고 하면 아이가 무서워서 학교에 가기 싫어합니다. 아이가 즐겁게 학교생활을 시작하기 위해서라도 이 부분을 신경 써 주셔야 합니다. 아이의 첫 학교생활의 시작이 두려움이 아닌 긍정적 설렘이 되도록 해 주세요. 첫날 부모님의 반응이 앞으로 1년 동안 아이의 학교생활에 정말 큰 영향을 준다는 것, 잊지 마세요!

✦ 본격적인 학교생활 준비하기!

이제 입학식이 끝났고, 학교에서 선생님과 친구들을 만났으니 다음 날부터 본격적인 학교생활을 시작할 수 있도록 준비해 보겠습니다. 우선 첫날 안내 자료는 1년간의 전체 흐름을 알 수 있는 자료들이기 때문에 되도록 버리지 마시고, 책장에 꽂아 두고 틈틈이 꺼내 보는 것이 좋습니다.

특히 선생님께서 부모님께 협조를 요청하는 내용은 잘 기억했다가 최대한 빨리 처리해 주세요. 그래야 아이의 학교생활에 필요한 각종 서류 처리가 빠르게 진행됩니다. 주로 입학 초에 협조를 요청드리는 부분은 알림장을 매일 잘 확인하기, 각종 서류들을 빠르게 제출하기 그리고 1년간 쓸 물건들을 미리 준비해야 한다는 점 등입니다.

단, 일부 준비물은 학교에서 예산을 사용하여 미리 구비해 두는 경우가 있기 때문에 입학 전에 한꺼번에 사지 말고 입학식 날 담임 선생님의 안내에 따라 필요하다고 하는 것만 구입하면 됩니다. 참고로 올해 제가 근무하는 학교의 경우 1학년 입학 선물로 색연필,

사인펜, 크레파스, 종합장, 색종이 100매(케이스 포함), 투명 포켓 파일 (가정통신문 넣는 용도), 줄넘기를 학생 수에 맞게 갖췄고, 휴지도 학교에서 제공했습니다. 그래서 가정에서 준비할 부분은 개인 물병, 필통, 연필, 지우개, 물티슈가 전부였습니다. 이런 안내를 입학식 때 듣고 난 다음에 준비물을 사러 가도 늦지 않습니다.

매일 아침,
기분 좋은 등교 루틴

아이를 학교에 보내는 것은 부모님에게는 늘 중요한 일 중 하나입니다. 아이가 아침에 기분 좋게 학교에 등교하면 그날 하루를 즐겁게 보낼 수 있습니다. 따라서 아침마다 적절한 루틴을 만들어 아이가 학교에 즐겁게 다닐 수 있도록 돕는 것이 좋습니다.

아침에 아이가 등교할 준비를 하는 것은 단순히 옷을 입히고 준비물을 챙기는 것만이 아닙니다. 아이의 건강을 위해 충분히 잠을 자고 영양분을 섭취하도록 신경 써야 합니다. 또한 출발 전에는 항상 화장실을 가도록 유도하고, 출발 시간을 충분히 여유롭게 잡아서 늦지 않게 출발할 수 있도록 해야 합니다.

✦ 아이의 올바른 수면 습관 만들기!

충분한 수면은 아침에 아이가 상쾌하게 일어나는 데 큰 도움이 됩니다. 아이의 연령에 맞게 수면 시간을 채울 수 있도록 계획을 세워 주세요. 그리고 아이가 매일 일정한 시간에 잠자리에 들도록 도와주세요. 그러면 아이의 체내 시계가 조정되어, 규칙적으로 일어나는 습관을 들일 수 있습니다. 또한 아이가 잘 시간에는 조용한 환경을 만들어 주시고, 일어날 시간이 되면 아이에게 즉시 일어나도록 유도해 주세요. 아이가 잠시 더 누워 있을 경우에 다시 잠들기 쉽습니다.

✦ 일정 시간에 맞추어 루틴 만들기!

등교 시간에 맞춰 루틴을 만들어 보세요. 예를 들어, 등교 시간이 8시 40분이라면, 아침 7시 30분에 일어나서 아침 식사를 하고, 8시에는 옷을 입고, 가방을 챙기는 식으로 시간에 맞춰 등교 과정을 연습해야 합니다. 이렇게 하면 아이가 의무감을 가지고 등교 시간을 지키면서 루틴을 따르는 것이 더 쉬워집니다.

만약 아이가 직접 등교 루틴을 따르기가 어려운 경우, 시각적인 도움을 받을 수 있습니다. 예를 들어 등교 루틴을 순서대로 적은 일정표를 아이 방에 걸어 두거나, 등교 시간을 알리는 알람을 설정해 두는 등의 방법을 활용해 보세요.

7:30 일어나기 · 세수하기

편안하게 잠에서 깨어 기분 좋은 하루 시작하기

7:40 아침밥 먹기

골고루 영양가 있게 든든히 먹기

8:00 옷 입기

입을 옷을 전날에 미리 정해서 아침 준비 시간 절약하기!

(활동이 편한 옷으로 준비하되, 아이의 취향도 존중하기)

8:20 가방 챙기기

빠진 물건 확인

물병, 우체통(가정통신문), 숙제 및 과제물 모두 챙기기!

8:30 등교 시작

교통안전에 주의하며 등교하기!

8:40 학교 도착

무사히 학교 도착! 선생님, 친구들과 인사 나누기

✛ 건강 상태 체크하기

아이가 혹시 컨디션이 안 좋아 보이거나 감기 기운이 있는지 등 건강 상태를 체크해 주세요. 열이 나면 코로나나 독감 등의 전염병을 의심해 볼 수 있는 상황입니다. 열이 난다거나 몸이 많이 안 좋다면 담임선생님께 알리고 병원에 들른 뒤 집에서 푹 쉬게 해 주세요. 학교는 무조건 꼭 가야 하는 곳이라고 생각해서 아이가 아픈데도 억지로 학교에 보낼 필요는 없습니다. 학교에 빠지지 않고 출석하는 것은 중요하지만, 아이가 아파서 몇 번 결석하는 건 크게 문제 되지 않습니다. 요즘은 개근상도 사라졌습니다. 물론 생활기록부에 질병 결석으로 기록이 되지만 그렇다고 점수가 깎이지는 않습니다.

코로나 등의 법정 전염병으로 인한 결석인 경우에는 출석으로 인정해 주는 결석으로 처리됩니다. 만약 보호자가 모두 출근해야 하는 이유 등으로 꼭 등교를 해야 하는 상황이라면 등교 전 미리 담임선생님께 꼭 메시지를 남겨 주세요. 그날은 담임선생님과 보건 선생님께서 더 신경 써서 봐주실 것입니다.

✛ 아이의 아침밥 챙겨 주기!

아침밥을 꼭 챙겨 주세요. 아침밥을 먹지 않고 학교에 오는 아이들은 3~4교시가 되면 굉장히 배고파합니다. 배가 고픈데 수업에 집중이 될 리 없지요. 실제로 3교시 정도 되면 아침을 먹지 않고 온 아이들이 힘들어하며 "선생님, 배고파요!"라고 아우성입니다. 보통 11시 30분~12시쯤이 점심시간이므로 그전까지 수업에 집중할 수 있는 에너지를 주기 위해서라도 아침 식사는 필수입니다. 아침 식사는 탄수화물, 단백질, 비타민 등의 영양소가 골고루 들어가 있는 식사로 준비하면 좋습니다. 초등학교는 아이들이 수업마다 학습 목표를 달성해야 하고 책상에 앉아 집중을 해야 하기 때문에 유치원 때보다 더 많은 집중력이 필요해서 몸에서 에너지를 더 많이 요구하게 됩니다.

초등학교는 보통 1교시 시작 전(8시 50분~9시경)이나 1교시가 끝나고 쉬는 시간(9시 40분~10시경)에 우유(200ml)를 먹는 것 외에는 별도의 간식 시간이 전혀 없습니다. 그 상태에서 1교시부터 3교시 또는 4교시까지 쭉 공부를 합니다. 그러니 유치원 때보다 뇌에서 필요로 하는 에너지가 더 많아집니다. 실제로 유치원에 다닐 때에 비해 초등학교에 들어간 후부터 아이가 유독 배고프다는 이야기를 많이

우유 급식을 원하지 않는다면?

아이가 우유를 잘 소화하지 못하는 체질이라 학교에서 주는 우유 급식을 원하지 않는다면 담임선생님께 알리고 학교 급식 영양 식품 조사서에 우유 급식을 원하지 않는다고 작성해서 제출하면 됩니다. 그러면 다른 대체 음료 (두유나 주스 등)를 먹을 수 있습니다. 그 또한 원하지 않는다면 대체 음료도 원하지 않는다고 작성하시면 됩니다.

한다고 느끼실 겁니다. 한창 클 나이이기도 하지만, 유치원 때와는 달라진 활동량의 영향도 있을 것입니다. 바뀐 환경에 적응하느라 몸이 더 많은 에너지를 요구하는 것이지요. 따라서 아침 식사를 이전보다 더 푸짐하게 준비해 주시는 게 좋습니다.

초등 교사가 추천하는 간단 아침 메뉴

1. 기본 한식 밥상: 밥+김+김치+밑반찬
2. 속이 편한 밥상: 누룽지+김 가루+백김치+방울토마토
3. 든든한 밥상: 간장 계란밥+김치+삶은 야채(브로콜리, 양배추 등)
4. 간편 밥상 ①: 주먹밥+참치+삶은 계란+과일
5. 간편 밥상 ②: 모닝빵+스크램블드에그+사과

초등 교사가 추천하지 않는 아침 메뉴

1. 시리얼류: 우유 급식을 할 때 또 먹기 힘들어해요.
2. 찬 음식: 배가 아프다고 보건실에 자주 가요.
3. 맵거나 기름진 음식: 소화하기 힘들어서 집중을 잘 못해요.

(O)

(X)

✦ 등교 준비하기

아이가 아침 식사를 마치면, 스스로 깨끗이 씻을 수 있도록 해주세요. 특히, 손과 얼굴을 깨끗이 씻고 칫솔로 이를 닦아 주는 것은 아이의 건강을 지키고 올바른 위생 습관을 기르는 데 꼭 필요합니다. 그다음으로, 필요한 물건을 다 챙겼는지 확인합니다. 혹시 빠뜨린 물건은 없는지, 물병에 물도 새로 넣고 휴대폰도 챙겼는지 스스로 확인하도록 지도해 주세요. 등교 준비를 마치면, 아이는 학교 가는 길에 안전하게 다니도록 해야 합니다. 도로에서는 신호를 확인하고 횡단보도를 건너는 교통 규칙을 준수해야 합니다. 이러한 등교 준비 과정을 반복함으로써, 아이는 체계적인 생활 습관과 책임감을 기를 수 있습니다.

화내지 않기

안 그래도 바쁜 아침 시간. 아이가 딴짓하느라 굼뜨고 느리게 준비하면 속이 터집니다. 학기 초부터 선생님께 지각생으로 눈 밖에 날까 봐 걱정도 되실 겁니다. 하지만 가정 상황에 따라 어쩔 수 없으면 늦을 수도 있다는 것을 이해합니다. 선생님 입장에서 지각하는 것보다 더 안 좋은 게 뭔지 알려 드리겠습니다. 그것은 아이를 심하게 재촉하거나 화를 낸 뒤 학교에 보내는 것입니다. 아침부터 혼나고 학교에 오는 아이는 하루 종일 학교생활에서 알게 모르게 짜증을 내거나 무기력해하는 등 엄마의 꾸중이 하루 생활에 영향을 줍니다. 부모님이 화를 내면 아이는 부모님이 표출한 화라는 감정까지 떠안고 등교하기 때문입니다.

✦ 하교 후 스케줄 이야기하기

매일 아침, 시간을 내서 아이들과 하교 후 일정을 말해 보는 것은 중요합니다.

학부모: 오늘 학교 수업 4교시 끝나면 어디 가지?

아 이: 방과후 컴퓨터 교실이요!

학부모: 그다음은?

아 이: 돌봄 교실에서 간식 먹고 있다가 5시에 피아노 학원 차를 탈게요. 그리고 피아노 학원이 끝나면 집에 걸어올게요.

이런 식으로 매일 아침 등교하기 전에 하루 일정을 이야기해 보는 습관을 지녀야 합니다. 하루 일정을 미리 알고 있어야 아이가 수업이 끝나고 무엇을 해야 할지 몰라 당황하는 일이 없습니다. 가끔 4교시가 끝나고 친구들은 모두 돌아갔는데 혼자 어디로 가야 할지 몰라 헤매는 친구들이 있습니다. 초등학교는 (돌봄교실을 제외하고는) 유치원처럼 부모님이나 보호자가 직접 데리러 오기 전까지 아이들을 맡아 주는 시스템이 아닙니다. 학교 수업이 끝나고 나면 아이들이 우르르 교실 밖으로 나갑니다. 따라서 학교 수업이 끝나면 부모님을 만날 건지, 학원에 갈 건지, 방과후교실에 갈 건지 등을 스스로 알고 행동할 수 있어야 합니다.

하교 루틴,
알림장과 가방 체크

초등학교 1학년은 스스로 해야 할 일을 조금씩 배워나가는 시기입니다. 스스로 해야 할 일을 빠짐없이 챙기기에는 아직 서툰 시기이므로 부모님의 관심이 필요합니다. 초등학교에 입학하고 일정 기간(아이의 특성에 따라 3~6개월)은 부모님이 꼼꼼하게 아이의 학교생활을 확인해 주어야 하며, 그 역할과 책임을 서서히 부모에게서 아이에게 넘겨주는 연습을 해야 합니다. 입학 초기 학교생활을 좌우하는 때, 부모님은 어떻게 해야 할까요? 내 아이의 하교 후 생활과 해야 할 일을 살펴보겠습니다.

✦ 오늘의 노력 칭찬하기

아이가 학교에서 돌아오면 오늘 일과를 잘 마치고 돌아왔으니 수고했다고 칭찬해 주세요. 처음으로 사회에 첫발을 잘 내딛은 아이가 무척 긴장했을 것입니다. 부모님의 칭찬을 들으면 학교생활에 지쳐 있던 아이가 긴장이 풀리면서 기분이 좋아지고 마음도 편안해집니다. 부모님이 학교에 다녀오느라 힘들었던 아이의 마음을 알아주면 감사한 마음을 갖게 됩니다.

부모님께 칭찬을 들은 아이는 성취감이 하루하루 쌓여 자존감 형성에 도움이 됩니다. 자존감이 높아진 아이는 밝고 긍정적으로 성장할 수밖에 없습니다. 아이가 매일 학교에 아무 탈 없이 잘 갔다왔다는 자체가 얼마나 기특한 일인가요? 이러한 아이의 노력과 성장 과정을 진심으로 칭찬해 주시기를 바랍니다.

✦ 학교에 대한 느낌 확인하기

아이에게 "오늘 어땠어?"라고 물어보세요. 학교에 대한 아이의 첫인상이 어땠는지 확인해 보세요. 아이의 기질과 성격적 특성에 따라서 학교에서 있었던 일을 미주알고주알 자세하게 늘어놓는 아이도 있고 그냥 짧게 "응, 좋았어." 하는 아이도 있습니다. 어쨌거나 아이가 긍정적으로 학교를 인식했는지 확인해 주세요. 아이가 짧게 대답했다고 해서 "더 없어? 오늘 뭐 했는데? 왜 기억이 안 나?" 하면서 다그칠 필요는 없습니다. 아이가 느끼는 긍정적 감정을 확인할 수 있으면 됩니다.

혹시 부정적인 감정이 들었다면 그 감정도 솔직하게 표현할 수 있도록 해 주세요. 부정적 감정은 꼭 숨겨야 하거나 나쁜 감정이 아님을 알려 주세요. 감정은 나의 몸과 마음이 갖는 느낌입니다. 나의 감정을 잘 들여다보고 있는 그대로 직면하는 연습도 필요합니다. 친구와 다툼이 있었다거나, 선생님께 혼이 나는 등 여러 가지 이유로 아이가 기분이 좋지 않다면, 이유를 잘 들어주고 감정에 공감해 주세요. 아이가 자신의 감정을 부모에게 솔직하게 털어놓고 표현하는 경험과 이를 잘 들어주는 가정의 분위기를 조성하는 것도 아이의 원활한 학교생활에 필요합니다.

✦ 알림장과 가방 체크하기

담임선생님께서 보내 주신 알림장을 꼼꼼하게 읽어 주세요(스마트폰 알림장 앱을 사용하여 안내했다면 앱을 꼭 확인해 주세요.). 특히 입학한 직후라 안내 사항이 아주 많습니다. 딱 한 번 고생하면 앞으로의 6년이 편안해집니다. 그러니 중요한 알림 사항은 꼼꼼하게 확인해 주세요. 그리고 가방을 열어 봅니다. 우선 개인 물병부터 꺼내서 설거지해 주세요. 그리고 가정통신문을 모두 꺼내서 확인해 주세요. 그냥 읽고 넘어가도 되는 가정통신문은 읽고 내용을 숙지한 뒤 처리합니다. 학교에 반드시 제출해야 하는 서류일 경우 내용을 꼼꼼하게 작성하여 다시 아이 가방에 넣습니다(가정통신문이 구겨지거나 찢어지지 않도록 L자 투명 파일을 사용하면 좋습니다.).

다음으로 필통을 꺼내 연필이 부러지거나 많이 닳았는지 확인하고 연필을 깎아 둡니다. 집에서 미리 깎아 두어야 다음 날 공부도 수월해집니다(처음에는 부모님과 함께하고 점차 아이가 스스로 연필을 깎아 다음날 등교를 준비하도록 습관을 들이면 좋습니다.). 아이가 학교에서 공부하는 책이나 공책을 가방에 넣고 다닌다면 오늘 공부한 내용도 한번 살펴봐 주세요. 아이가 오늘 하루 어떤 활동을 했는지 확인해 보면서 어려워하는 부분은 없는지 챙겨 주세요.

학교에
제출해야 하는 서류들

학기 초에는 제출해야 하는 서류들이 많습니다. 개인정보 보호법이 강화되면서 학급 홈페이지에 가입할 때도 개인정보 동의서를 내야 하는데 보호자의 동의 없이는 학생의 사진도 학급 홈페이지에 올릴 수 없습니다. 예전에는 교사가 당연하게 알아야 했던 학생의 주소, 전화번호, 학부모의 성함 등도 개인정보 제공 동의서를 받아야 합니다. 교사들은 학생들이 제출한 기초 조사서를 바탕으로 학생명부를 작성하는데 아이가 학교에 오지 못하거나 급하게 연락을 해야 할 경우 학생명부에 적힌 정보를 보고 연락을 합니다.

장기간 학교에 등교하지 않거나 연락이 되지 않을 경우에도 학생명부에 적힌 주소를 바탕으로 가정방문을 하기도 합니다. 이외에도 학기 초에는 많은 가정통신문이 배부되며 학교에 처음 들어오는 신입생이라면 더욱 꼼꼼하게 챙길 것이 많습니다. 우유 급식 동의서, 방과후학교 신청서, 건강 조사서 등 학교에서 배부되는 가정통신문을 학부모님이 반드시 주의 깊게 살펴보고 빠짐없이 제출해야 합니다. 3월 한 달은 학생뿐만 아니라 학부모도 매우 바쁜 시기입니다.

✦ 기초 조사서(담임선생님)

학기 초 제출해야 할 가장 중요한 서류는 바로 기초 조사서입니다. 담임선생님께서 아이의 기초 조사서를 바탕으로 아이에 대한 기본 정보를 수집하기 때문입니다.

기본 신상 정보에 해당되는 주소와 전화번호는 실제 거주하는 주소와 실제 연락 가능한 번호를 적어 주세요. 향후 가정으로 학교에서 발송하는 우편을 보내거나, 학부모님과 연락을 할 때에도 기초 조사서 정보를 바탕으로 이루어집니다. 기초 조사서는 담임선생님께서 1년간 보관하면서 아이 지도에 활용하는, 말 그대로 가장 기초가 되는 서류입니다. 또한 학생의 가족 상황, 학생의 취미와 특기, 등·하교 방법, 하교 후 일정, 가정 내 인터넷 환경, 한글 해득(解得) 정도 등과 관련하여 담임선생님이 알아야 할 참고 사항이 있다면 적어 주세요. 아이의 학습과 생활 지도에 필요한 정보를 수집하여 이후 아이들을 대할 때 많은 도움이 됩니다.

특히 급식 시 주의해야 할 식품 알레르기나, 계속적으로 앓고 있는 질병이 있다면 반드시 적어 주세요. 건강 및 안전에 관련된 부분은 담임선생님께서 첫날부터 미리 알고 시작하는 것이 중요합니다. 그 밖에도 사고, 수술, 충격 등으로 인해 학생을 지도할 때 담임선생님께서 참고해야 하는 부분이 있으면 적어 주셔야 합니다. 예를 들어 어렸을 때 심장 수술을 했던 적이 있어서 무리한 운동을 하거나 숨이 차면 아이가 힘들어할 수 있다는 부분 등을 적어 주시면 담임선생님께서 확인하고 체육 시간이나 그 밖의 신체 활동 시간에 참고하여 아이에게 무리가 가지 않는 방향으로 지도하실 겁니다.

✛ 개인정보 수집, 이용, 제3자 제공 동의서(담임선생님)

개인정보보호법에 따라 초등학생들의 학교에서 이루어지는 교육 활동에 필요한 개인정보를 수집, 이용하려면 보호자의 동의가 필요합니다. 학교 홈페이지에 교육 활동을 촬영한 사진이 올라간다거나, 학교 신문에 아이의 모습이 나오는 데에는 이런 보호자의 동의가 있어야 하기 때문에 학기 초에 개인정보 관련 동의서를 받습니다. 원격 화상 수업을 진행할 때에도 학생의 영상과 음성, 작품, 과제물 등을 학급 친구들과 공유하기 위한 동의가 필요하고, 각종 대회 참가, 도서관 회원가입, 문자 안내 서비스, 영어전자도서관 회원가입 등을 위해서도 필요합니다.

이렇게 수집한 개인정보는 각종 교육 활동에 필요한 회원가입 절차에 활용됩니다. 개인정보 동의서는 원하지 않으면 동의하지 않는다고 표시해 주시면 됩니다. 하지만 웬만하면 대부분 모두 동의한다고 표시 및 서명해서 제출하는 편입니다. 요즘은 하도 동의해야 되는 게 많아서 불편하실 겁니다. 하지만 꼭 필요하고 중요한 내용이니 꼼꼼하게 확인하시고 서명해 주시면 됩니다!

✦ 식품 알레르기 및 식품 관련 특이 사항 조사서(급식실)

영양 선생님께서는 안전한 급식을 위하여 우유, 식품에 대한 특이 질환(알레르기, 설사 등)을 조사합니다. 또 문화, 종교적인 이유로 특정 식품을 먹지 못하는 학생들도 있을 수 있습니다. 이러한 이유로 급식 지도에 필요한 여러 가지 사항을 미리 조사하고 참고하기 위해 학기 초 식품 관련 특이 사항 조사서를 배부합니다. 아이가 특정 음식에 알레르기가 있으면 기초 조사서는 물론이고 이 식품 조사서에도 반드시 적어 주셔야 합니다. 식품 조사서는 주로 영양 선생님께서 전교생의 자료를 수집, 관리하십니다.

✦ 수익자부담 경비 납부 방법 신청 출금 동의 안내(행정실)

일명 '스쿨뱅킹'이라고 통칭합니다. 학교 교육 활동에서 발생하는 다양한 경비 중 보호자가 부담해야 하는 경우를 수익자부담 경비라고 합니다. 예를 들면 현장 체험 학습 비용이나 방과후학교 수강료 등이 있습니다. 이런 비용을 처리하기 위해 입학한 학생들을 대상으로 행정실에서는 학부모님들께 수익자부담 경비를 납부하는 방법을 신청하도록 안내합니다. 은행 계좌로 자동이체를 신청해 두거나 신용카드로 자동 납부하는 방법 중에 선택할 수 있습니다. 입학 때 한번 신청해 두면 초등학교를 졸업할 때까지 별도로 서류를 제출하지 않아도 됩니다.

✦ 건강 조사서(보건실)

건강 조사서는 학교생활 중 갑작스러운 응급 상황 발생 시 처치 및 병원으로 이송하고 비상 연락을 하기 위한 응급처치 동의서, 그리고 학생의 건강 실태에 대한 전반적인 질문에 답을 하는 내용으로 구성되어 있습니다. 먼저 응급처치 동의서에 서명을 해 주세요. 그리고 아이의 건강 상태를 되도록 자세하게 기록해 주세요. 미세먼지 민감군에 속하거나, 특이 체질 또는 치료 중인 질병이 있거나, 시력 또는 청력 등 신체에 이상이 있는 경우, 또 알레르기 관련 질환이 있는 경우 이상 반응을 보이는 약물이나 식품이 있는 경우, 그밖에 학교에서 알아야 할 건강상의 정보가 있다면 꼭 기록해 주세요. 담임선생님과 보건 선생님께서 사전에 파악해 두었다가 응급 상황이 생기면 대처하기 위함입니다. 기초 조사서에 기록했더라도 보건실에서의 체계적인 관리를 위해 다시 한번 기록해 주세요.

그리고 식사, 음식, 비만 예방, 위생, 수면 및 신체 활동, 정신적 건강, 약물 등 전반적인 건강 상태를 묻는 설문에 답하면 됩니다. 혹시 건강상 특별히 신경 써야 할 사항이 있다면 기록하고 담임선생님과 보건 선생님께 도움을 요청하는 것도 건강한 학교생활을 위한 기초 작업이니 너무 어려워하지 마세요.

학기 초
학부모 행사 참여하기

학교는 교사와 학생, 학부모 모두가 학교 공동체로서 함께 꾸려 가는 곳입니다. 교사와 학생, 교사와 학부모, 학부모와 학생의 관계 중 어느 한 부분이라도 틀어진다면 아이의 학교생활은 행복할 수가 없습니다. 학부모님이 좋은 선생님을 만나고 싶어 하는 만큼, 교사도 좋은 학부모님을 만나고 싶어 합니다.

교사와 학부모의 원활한 관계는 아이의 학교생활에 있어 필수적인 요소입니다. 아이를 위해 학급이나 학교 일에 적절히 참여하며 학부모의 역할을 하는 것도 중요합니다. 그렇다면 아이를 위하여 학부모가 알아 두어야 할 것은 무엇이 있으며 어떻게 참여해야 할까요?

✦ 학교 교육 과정 설명회

3월 중순쯤에는 학교 교육 과정 설명회가 열립니다. 이날은 학부모님들을 학교로 모셔서 1년간 학교 교육 과정에 대한 전반적인 설명을 듣습니다. 시간이 된다면 참석해서 우리 아이가 다니는 학교가 1년간 어떤 흐름으로 교육을 진행하는지 파악해 보시는 것도 추천합니다. 학교 사정에 따라 이날 학부모 공개수업까지 진행하는 경우도 있습니다. 공개수업에 대해서는 5장에서 다루겠습니다. 다만 직장 내 연차를 쓰기 어렵거나 직업 특성상 참석이 어렵다면, 안내문을 잘 읽어 보거나 담임선생님과의 상담을 통해 궁금한 점을 문의해 보는 것도 좋은 방법입니다. 설명회는 꼭 참여해야 하는 것이 아니니 크게 부담을 갖지 않으셔도 됩니다.

초등학교 교육 과정 설명회는 학교에 대해 전반적으로 소개를 하는 자리이기 때문에 원칙적으로는 담임선생님과 개별 상담을 진행하지 않습니다. 하지만 담임선생님께 간단한 인사를 하거나 질문할 기회는 있으니 궁금한 점이 있다면 살짝 물어보는 정도는 괜찮습니다.

✦ 학부모 총회

학교 교육 과정 설명회가 끝나면 학부모 전체가 모여 학부모 총회를 열고 학부모회를 결성합니다. 학부모회는 학교에서 진행하는 여러 교육 활동이 원활하게 진행되도록 협조하기 위해 모이는 부모님들의 단체입니다. 우리 아이의 학교생활 전반에 더 많은 도움을 주고 싶다면 학부모회에서 활동하는 것도 좋습니다.

학부모회의 조직 방법은 다양합니다. 반 대표나 학년 대표를 뽑지 않고 회장, 부회장, 총무, 간사 등의 임원만 뽑아서 임원 중심으로 움직이는 학교들도 있고, 학급별로 반 대표 학부모를 정해서 운영하는 학교도 있습니다. 반 대표는 보통 1학기 회장으로 당선된 학생의 학부모님이 주로 맡게 됩니다. 하지만 1학년은 임원 선거를 하지 않기 때문에 누가 반 대표를 할지 애매합니다.

이때는 학부모님들이 모인 자리에서 자발적으로 지원하는 분이 반 대표를 맡게 됩니다. 선생님 입장에서는 어떤 아이의 학부모님이 반 대표를 맡는지는 중요하지 않습니다. 학교와 우리 반을 긍정적으로 생각하고 선생님과 학부모들 사이에서 적절한 중재를 할 수 있는 분이 반 대표를 맡아 주시면 됩니다. 학부모님들의 분위기가 좋으면 이에 영향을 받아 선생님도 아이들을 가르칠 때 더욱 힘이 납니다. 선생님께 긍정의 힘을 실어 주고, 논의할 내용이 있을 때 학부모님들의 의견을 잘 모아서 원활하게 소통을 해 주실 수 있는 분이 반 대표를 맡는 것이 좋습니다.

학부모회의 활동 범위 또한 학교마다 천차만별입니다. 학부모회 회의를 통해 어떤 활동을 할지 결정하게 됩니다. 각 지역 사회마다 분위기나 지역의 특색이 다르므로 여러 의견을 모아서 필요한 활동을 추진합니다. 학교와 주변 지역 사회마다 상황이 다 다르니 내가 사는 동네의 분위기와 필요에 따라 활동의 내용이 달라집니다.

✦ 사적인 반 모임

내 아이와 같은 반 엄마들과 자연스럽게 만나기 위해 근처 카페에서 사적인 만남 시간을 갖거나 반 모임을 추진하는 엄마들도 있습니다. 엄마들끼리 편하게 만나면서 교육 정보도 나누고 친해지자는 의미의 자리입니다.

반 엄마들의 단체 채팅방(카톡방)을 만들거나 밴드를 개설해서 운영하는 경우도 있습니다. 이 역시 엄마들마다 의견이 분분한데, 반 모임 카톡방을 만드는 것을 좋아하는 엄마들이 있는 반면 불편해하는 엄마들도 있습니다. 이런 모임은 학교 공식 모임이 아니기 때문에 반드시 참여해야 하는 것은 아닙니다. 학부모님의 상황에 맞게 선택하고, 불편한 자리라면 억지로 모임이나 단톡에 참여하지 않아도 됩니다.

아이에게 친구를 만들어 주려고 성향이나 여건에 맞지 않는 모임에 억지로 나가지 않으셔도 됩니다. 학부모님이 불편하다고 생각하는 모임에 나가면 아이도 불편해집니다. 아이들은 초등학교 1학년 교실에서 새롭게 만나 새로운 인간관계를 형성하는 중입니다. 학교 교실 안에서 얼마든지 마음 맞는 새로운 친구를 사귈 수 있습니다.

아이의 사회성을 믿고 지켜볼 필요도 있습니다. 만약 다른 학부모와의 소통이 필요하고, 편안한 자리에서 정보를 공유하고 싶다면 사적인 반 모임에 참여하는 것도 좋습니다. 다양한 의견을 듣고 여러분에게 꼭 필요한 정보만 추려서 아이 교육에 적용하시면 됩니다.

╌ 학부모 상담

대면과 비대면(전화나 이메일) 상담 중 편한 방식을 선택하여 상담할 수 있습니다. 학교마다 시기는 다르지만 주로 3월 말~4월 정도에 이루어집니다. 담임선생님은 이 시기에 모든 학부모와 상담하면서 아이의 개별적 특성을 파악하게 됩니다.

따라서 아이의 특성 중 학교생활에 영향을 줄 수 있는 요소가 있다면 이때 담임선생님께 말씀드리면 됩니다. 건강상의 특이점, 기질적 특성, 기초 학습 상태, 가정생활에서 선생님이 알아야 할 부분 등 아이만의 개별적인 특징이나 상황을 선생님께 말씀드리면 이후 1년간 아이를 지도하는 데 큰 도움이 됩니다. 이미 기초 조사서에 작성했다 하더라도 첫 상담 때 다시 한번 잘 설명하면 담임선생님께서 어느 부분에 주안점을 두어 지도할지 더 세심하게 살펴볼 수 있어 좋습니다.

아이의 기질적인 특징: 산만함, 소심함, 내성적이어서 쉽게 표현하지 못하는 성격 등.

양육하면서 느끼는 내 아이만의 특성: 색칠 공부할 때 틀에 맞추는 것을 좋아하는 등 약간의 강박이 있어 조금이라도 틀에서 벗어나면 짜증을 내거나 욺.

유치원 생활 당시 특이점: 부끄러움이 많아서 말을 잘 안 함, 친구에게 화가 나면 다소 공격적인 모습을 보일 때가 있음.

가정 상황의 특징: 조부모 주 양육, 주말 부부, 경제적 어려움, 이혼, 별거 등. 쉽게 말하기 어려운 부분이라면 천천히 마음의 준비를 한 뒤에 이야기해도 괜찮습니다. 가정에서의 생활이 어떤지 알면 담임선생님께서 아이의 생활 패턴과 상황을 고려하여 학습과 생활 지도를 하기 더 수월합니다. 하지만 차마 말하지 못하겠다면 이야기하지 않으셔도 충분히 괜찮습니다.

아이에 대한 선생님의 느낌이나 첫인상 등.
현재 학교에서의 수업 태도.
학교 적응이나 생활에서 다소 특별하게 관찰되는 점.

입학 초기 적응 기간에는 무얼 배울까요?

말 그대로 입학 후 학교에 적응하기 위해 필요한 내용을 가르치기 위한 내용들로 구성되어 있습니다. 보통 각 지역 교육청별로 『우리들은 1학년』, 『1학년 첫걸음』 등과 같은 입학 초기 적응 활동 교재를 만들어서 배부하고 이를 바탕으로 공부합니다.

즐거운 1학년

1. 학교는 어떤 곳인가요?
2. 우리 반 교실은 어디 있나요?
3. 학교를 구석구석 살펴보아요
4. 책상 서랍과 사물함을 정리해요
5. 손을 깨끗이 씻어요
6. 화장실에 다녀와요
7. 급식실에 가서 밥을 먹어요
8. 단정하게 입어요
9. 책상에 바르게 앉아요

너랑 나랑 1학년

1. 나를 알고 소개해요
2. 꼭꼭 약속해
3. 서로 다른 우리
4. 즐겁게 신나게 놀아요
5. 즐겁게 노래를 불러요

똑똑한 1학년

1. 연필을 바르게 잡고 선을 그려요
2. 가위와 풀의 사용법을 알아봅시다
3. 글자 읽기 카드 놀이를 해요
4. 글자를 따라 써 보아요
5. 수 놀이를 하며 1~9까지의 수를 알아봅시다

센스 있고 지혜로운 학부모가 되는 법

이번에는 학교에서 센스 있고 지혜로운 학부모가 되기 위한 팁을 알려 드리겠습니다. 요즘 학교는 학부모님에게 많은 것을 바라지 않습니다. 꼭 필요한 몇 가지만 알아도 멋진 학부모입니다. 또한 생각지 못했던 부분, 검증 안 된 카더라 정보에 휩쓸리진 않았는지, 별로 중요하다고 생각지 않아서 놓치고 있던 부분은 없는지 한번 점검해 보세요.

학교 안내문이나 알림장을 꼼꼼하게 확인하세요

학교에서 가정통신문이나 안내문을 보내는 이유는 학생이 학부모에게 전달하기 어렵거나 전달 사항을 잊어버리지 않도록 하기 위함입니다. 학교에서 가정통신문을 보내도 가방에 넣어 놓고 한참이 지나도 전달되지 않아 책가방에 쌓이는 경우가 종종 있습니다. 그럴 경우에 학교와 가정의 소통에 문제가 생깁니다. 아이가 집에 오면 학교에서 보낸 자료는 없는지 관심을 가지고 살펴보시기 바랍니다.

가정통신문과 안내문을 꼼꼼하게 읽어 보시고 가정에서 꼭 해야 하는 일이 무엇인지도 살펴보세요. 안내문에 자세히 나와 있는 내용을 확인하지 않으면 아이나 학부모님 모두 학교생활에 어려움을 겪을 수 있습니다. 요즘은 학교의 가정통신문이 종이 대신 하이클래스나 클래스팅 등의 알림장 앱을 이용해 전달되는 경우가 많으니 이 점도 알고 계셔야 합니다.

앱을 사용할 경우 알람을 설정해 두고 매일 알림장이나 담임선생님 메시지를 확인해 주세요. 가끔 알림장을 제대로 확인하지 않으시고 담임선생님이 보낸 메시지를 며칠이 지나도록 읽지 않는 분들이 계셔서 소통에 어려움을 느낄 때가 있습니다. 대부분 알람이 뜨지 않아서 못 보았다고 죄송해하십니다. 일상에 치여 스마트폰을 제때 확인하기 힘드시겠지만, 아이의 담임선생님이 주시는 안내 메시지만큼은 놓치지 않도록 조치해 두는 게 좋겠지요?

학교 홈페이지는 즐겨찾기 해 놓고 자주 접속하세요

학교에서는 학교 홈페이지에 학교 행사 일정과 월중 계획표를 게시합니다. 또한 체험 학습 신청서와 보고서, 결석계 등 각종 양식도 공개되어 있습니다. 작년 가정통신문이나 안내문이 남아 있다면, 작년의 학교 일정을 살펴보면서 올해 일정을 예상해 보실 수도 있습니다.

또한 학교 홈페이지에 올라오는 내용은 학교에서 공식적으로 공지하는 내용이기 때문에, 학부모님들이 검증되지 않은 정보에 휩쓸리지 않고 정확한 정보를 수집하기에 좋습니다. 요즘은 학교 홈페이지도 앱으로 등록이 되어 쉽게 확인하실 수가 있습니다. 앱을 휴대폰에 깔아 두면 바로 전달 사항을 알림으로 받을 수 있어 편리합니다. 학교 홈페이지에 관심을 가지면 학교 일에 좀 더 능동적으로 참여할 수 있게 되고 자녀에게도 많은 정보를 알려 줄 수 있어서 유용합니다.

담임선생님께 전화는 오후 2~4시 반 사이가 제일 좋아요

정말 급한 일이 아니면 수업 중에는 전화를 삼가셔야 합니다. 수업 중에 학부모에게 전화가 오면 교사는 수업을 멈추어야 합니다. 학부모의 전화가 급한 일일 수도 있어서 교사 입장에서는 학부모의 전화를 무시할 수가 없습니다. 그러나 전화를 받아 보면 간혹 당장 급하게 처리하지 않아도 될 일들이 있습니다. 시간을 다투는 중요한 일이 아니면 아이들의 일과가 끝나는 2시~4시 30분 사이에 연락을 주시는 게 좋습니다.

초등학교 선생님들은 등교 시간부터 하교 시간까지 내내 30명 가까운 아이들과 계속 수업하고 생활 지도를 병행하느라 오전 중에는 전화를 받기가 어렵습니다. 그러다 2시 전후 수업이 종료되고 이후에는 각종 회의와 행정 업무 처리, 그리고 다음 날 수업 준비와 학습 자료 제작을 하지요. 어쨌든 수업이 끝난 2시~4시 반 사이 시간대가 그나마 전화를 받기가 용이합니다.

오후 4시 30분~5시 정도가 되면 대부분 퇴근 시간이어서 연락이 잘되지 않거나, 통화를 하더라도 만족할 만한 답변을 듣기 어려울 수 있습니다. 물론, 정말 급한 일이라면 전화를 주셔도 됩니다. 어떻게 보면 교사도 종류만 다를 뿐한 명의 직장인입니다. 일반 직장인들이 퇴근 후에는 개인 생활이 있듯이 교사도 퇴근 후에는 개인의 삶이 있다는 것을 알아주셔야 합니다. 잘 쉬고 충전해야 또 다음 날 아이들과 웃으며 즐겁게 교육 활동을 할 수 있으므로 초등학교 선생님들은 퇴근 후 휴식과 체력 관리에도 만전을 기합니다.

예의 있는 말투와 태도로 소통하는 것이 중요해요

교대를 졸업하자마자 임용시험을 통과하면 여선생님의 경우 24살에 교사가 되기도 합니다. 자녀를 키우는 학부모님이 보기에는 대학생처럼 보이는데 우리 아이의 담임선생님이라니 받아들이기 어려우실 수도 있습니다. 하지만 분명한 것은 이들도 초등 교사 자격증을 취득하고 임용시험을 통과한 엄연한 교육자라는 것이지요. 동생 같고 친근하다고 해서 편하게 반말을 하거나 예의 없는 언어를 사용하시면 선생님은 당황스럽습니다.

간혹 결혼을 안 하신 담임선생님께 "선생님이 아이가 없어서 모르시는 것 같은데."라는 말을 하기도 하는데 사실 이러한 말도 선생님의 전문성을 인정하지 않는 실례가 되는 말입니다. 개인적인 부분을 떠나 학교 선생님은 초등학교에서 내 아이를 맡아 가르치는 담임선생님의 위치에 있으니 반드시 존중해 주어야 합니다. 개인적인 관계가 아닌 학부모와 선생님 사이로 만났다는 것을 잊지 마시고 예의 있게 대하셔야 합니다. 존중하는 태도와 말투로 품격 있는 학부모가 되어 보세요. 선생님들은 그런 학부모들을 좋아합니다.

다짜고짜 신고부터?

속상한 일이 생겨 학교에 민원을 제기할 때는 다짜고짜 교무실로 찾아가 큰 소리를 내거나, 교육청 또는 다른 기관에 신고부터 하면 일이 해결된다고 생각하는 분들이 더러 있습니다. 검증되지 않은 어느 인터넷 게시판에는 '우리 아이 말이 학교에서 이런 일이 있었대요. 정말 화가 나요.'라고 고민 글을 올리면 '담임선생님 거치지 말고 얼른 교육청에 신고부터 하세요!'라는 댓글이 달립니다. 그렇게 해야 일 처리가 빨라진다고 생각하시는 분의 주장인데, 가장 잘못된 조언입니다. 담임선생님이 알아야 할 학급 일을 다른 곳을 통해 듣게 되면 담임선생님으로서는 오히려 객관적으로 상황을 판단하기 힘들어집니다.

또한 교육지원청이나 시도교육청에 신고하셔도 심각하지 않은 사항은 학교에서 처리하라는 지시가 다시 내려온다는 것도 알고 계셔야 합니다. 어차피 학급에서 일어난 일은 우선 학급에서 해결해야 하는 사항인 것입니다.

학교에 민원을 제기하거나 건의할 것이 있을 때 가장 먼저 생각해야 하는 것은 '내 아이에게 이 일이 교육적으로 도움이 될 것인가?'입니다. 이 점을 염두에 두면 감정에 치우쳐 실수를 하는 일이 없을 것입니다. 문제가 발생했을 때 감정적으로 대처하기보다는, 교사와 학부모가 함께 아이에게 도움이 되는 방향으로 나아가는 게 제일 중요합니다. 교사와 학부모는 서로 대치하고 싸우는 관계가 아니라 함께 힘을 합쳐야 하는 관계입니다. 싸우고, 신고하고, 대치하는 동안 아이는 상처받고 혼란스러워집니다. 아이가 즐겁게 학교를 다니며 행복하게 성장할 수 있도록 힘을 모아 봅시다!

✿ 전화가 없는 선생님께 섭섭해요

맘 카페에 넘쳐나는 고민 글은 대부분 이렇습니다. '우리 아이가 오늘 학교에서 어떤 일이 있었다는데 덜컥 걱정이 되고 어떻게 된 일인지 궁금해서요. 그런데 담임선생님은 전화가 없네요. 왜 전화를 안 해 주는지 모르겠어요. 그러다 제가 먼저 전화했다가는 예민맘으로 찍히는 거 아닌가 모르겠어요.' 라는 내용입니다. 이럴 때 현명한 대처하는 방법은 무엇일까요?

일반적으로 유치원에서 초등학교, 중학교에 갈수록 담임선생님이 전화를 잘 하지 않는다고 느끼실 겁니다. 상급 학교로 갈수록 아이들의 학교생활에 좀 더 자율성이 생기기 때문입니다. 학부모도 이를 이해하고 빠르게 적응해야 합니다. 초등학교에 입학한 우리 아이들은 지금 새로운 인간관계를 형성해 나가는 중입니다. 아이가 생활하는 공간이 바뀐 것은 물론, 이제는 아이들 스스로 극복하고 해결할 수 있는 힘이 있습니다. 크게 다치거나 심각한 결과를 초래한 일이 아니라면 일단 아이의 힘을 믿어 보세요. 또 매일 크고 작은 일이 벌어지는 교실에서 담임선생님은 갈등을 최대한 조율하고 평화로운 반으로 이끌어 가도록 매일매일 노력하면서 상황을 주시하고 있음을 알아주세요.

그러니 담임선생님께서 학부모님에게 전화를 하지 않는다고 섭섭해하지 않으셔도 됩니다. 그래도 마음이 놓이지 않는다면 담임선생님께 먼저 전화해서 솔직하게 이야기하세요. "바쁘신데 죄송하지만 걱정되는 부분이 있어서 전화드렸다."라고 말씀하시고 운을 떼시면 됩니다. 그러면 선생님께서 알고 계시는 부분은 잘 이야기하고, 명확하지 않은 부분은 상황을 알아본 뒤에 이야기해 주실 겁니다. 예민한 학부모로 찍힐 걱정은 하지 않으셔도 됩니다. 선생님들 역시 학부모님의 걱정하는 마음에 충분히 공감하고 있습니다.

우리 아이가 학교에 잘 적응하고 있을지 걱정하고 계시진 않나요?
이번 장에서는 아이가 학교에서 어떻게 생활하는지는 물론
앞으로 1년 동안 있을 학교 행사와
혹시 아이가 학교 적응을 어려워할 때는
어떻게 해야 하는지 정리하였습니다.

5장

본격적인 초등학교
1학년 과정

① 우리 아이의 일과와 어떤 것을 배우는지 알아보기!

② 1년 동안 학교에는 어떤 행사가 있을까요?

③ 아이가 학교에 적응하기 어려워한다면 어떻게 해야 할
까요?

초등학교 1학년의
하루

입학 초기 적응하는 시기가 지나면 본격적인 1학년 생활이 시작됩니다. 주로 일주일에 두 번은 4교시(1시 정도 하교), 세 번은 5교시(2시 이전 하교)를 한다고 생각하면 됩니다. 학교마다 시정 일정이 다를 수 있으니, 안내문을 자세히 읽어야 합니다. 점심시간도 3교시 이후인지, 4교시가 끝나고 시작하는지 등이 학교 급식실 상황에 따라 다릅니다. 특별한 이슈가 없는 한 아이는 보통 8시 40분~9시 사이에 등교를 하고 3교시까지 수업을 들은 후 11시 30분~12시쯤 점심 먹습니다. 그다음으로 4, 5교시 수업을 마치고 하교를 합니다. 이러한 일정을 잘 알고 있으면 아이의 학교생활이 어떻게 흘러갈지 감을 잡을 수 있습니다.

✦ 지금쯤 우리 아이는 무얼 하고 있을까?

아이의 일과를 찬찬히 따라가 봅시다. 등교하면서부터 하교할 때까지 아이는 학교에서 어떤 하루를 보내고 있을까요? 학교에서 아이는 무엇을 공부하고 어떤 일을 해내면서 하루하루를 쌓아 나갈까요? 혹시 일정이 차질 없이 진행되기 위해 가정에서 미리 도와줘야 할 부분은 없을까요? 아이의 일과를 살펴보며 함께 고민해 보도록 하겠습니다.

등교 및 아침 활동

일반적으로 오전 8시 30분~40분 사이에 등교하는 것이 가장 좋습니다. 선생님도 출근하기 전인 너무 이른 시간에 등교하면 안전상의 문제로 좋지 않습니다.

아이가 교실에 들어서면 선생님께 먼저 인사를 합니다. 친구들과도 반갑다고 인사를 나눕니다. 자리에 앉아서 가방을 걸고 시간표를 확인합니다. 그리고 책상을 정리하고 아침 활동을 시작합니다. 학교에 따라 특색 활동이 다르지만, 일반적으로 아침 독서를 가장 많이 하고, 아침 걷기, 방송 조회 참여하기 등을 하는 경우도 있습니다. 아침 독서는 하루를 책 읽기로 시작하게 하여 마음을 차분하게 하고 뇌를 깨워 줍니다. 아침에 너무 늦게 허겁지겁 등교하면 아침 독서할 시간이 부족합니다. 아침 시간에는 여유 있게 등교하여 독서를 하며 차분하게 하루를 시작하는 것이 좋습니다.

그리고 아침 시간을 활용하여 우유를 먹기도 합니다. 우유는 200ml를 먹도록 권장하고 있습니다. 평소 우유를 잘 먹어서 키도 쑥쑥 크고 적절한 성장을 돕는 것이 좋겠지요. 하지만 배가 아프거나 소화가 어려운 날에는 미리 담임선생님께 이야기해 주세요.

가정통신문이나 숙제를 제출해야 하는 날이라면 이런 활동도 주로 아침 활동 시간에 함께 이루어집니다. 어제 저녁에 해 온 숙제가 있다면 가방에서 꺼내 선생님께 드립니다. 또 학교에 제출해야 하는 가정통신문이 있는지도 확인합니다.

오전 수업 시간

수업 시간 40분 동안 선생님의 말씀에 집중하며 공부를 합니다. 바른 자세로 한글을 읽고, 글씨를 쓰는 연습도 하며, 수학 교구로 수 공부도 합니다. 열심히 색칠하거나 색종이를 접고 오려 붙이며 아름다운 작품을 제작하기도 하고, 표현 활동이나 게임 활동을 하면서 신체 운동 능력을 키우기도 합니다. 수업 시간마다 아이들은 다양한 활동을 하며 성장합니다.

쉬는 시간

쉬는 시간은 10분입니다. 일단 쉬는 시간이 되면 화장실에 다녀옵니다. 그리고 다음 수업을 준비합니다. 다음 수업 시간에 공부할 책을 미리 꺼내 펼쳐놓기도 하고, 교실이 아닌 다른 장소(운동장, 체육관, 도서관, 컴퓨터실 등)에서 수업을 해야 한다면 이동할 준비를 합니다. 내 위치에 맞게 줄을 잘 서고, 아직 준비가 덜 된 친구에게 빨리 오라고 재촉하기도 하며 서로를 챙겨 줍니다.

점심시간 및 중간 놀이 시간

점심시간이 되었습니다. 먼저 올바른 손 씻기 방법에 따라 꼼꼼하게 손을 씻도록 합니다. 그다음 급식실로 이동합니다. 급식실은 음식을 받고 먹는 곳이므로 조심하고 장난을 하지 말아야 합니다. 힘을 잘 주지 않으면 놓치는 경우가 있으니 식판은 두 손으로 잘 잡아야 합니다. 뜨거운 음식을 받을 때도 조심해서 받고, 자신의 자리로 이동할 때는 천천히 갑니다. 뛰어가거나 친구를 앞지르거나 장난치지 않아야 합니다. 식판을 들고 가는 친구를 지나가다 툭 치면 뜨거운 국물이 손에 튈 수 있으니 조심해야 합니다.

이제 아이들은 하나둘씩 자리에 앉아서 음식을 먹습니다. 다른 친구의 식사를 방해하는 아이, 얼른 놀고 싶어서 빨리 먹고 검사해 달라는 아이, 옆 친구와 수다 떠느라 음식이 줄지 않는 아이, 먹기 싫은 반찬을 몰래 바닥에 버리는 아이 등등. 점심시간에는 이렇게 아이들의 다양한 모습을 볼 수 있습니다. 점심 식사를 일찍 마친 아이들은 남는 시간을 활용하여 자유롭게 놀이를 할 수 있습니다. 아니면 학교 시정에 따라 중간에 놀이 시간을 가질 수도 있습니다. 놀이 시간에는 운동장을 전속력으로 있는 힘껏 뛰고 오는 아이, 도서관에 가서 책을 빌려오는 아이, 교실에서 교구 놀이나 보드게임을 하는 아이 등등 다양한 모습을 보입니다.

오후 수업 시간

4, 5교시에도 다양한 과목을 배우며 즐거운 시간을 보냅니다. 그림책을 함께 읽고 관련된 독후 활동을 하기도 하고, 무용을 배우며 신체 표현 능력을 기르기도 합니다. 또한, 안전 교육을 통해 안전한 생활을 어떻게 실천할지도 알아봅니다. 진로와 직업의 세계를 탐구해 보기도 합니다. 다만, 오후 시간이라 지치기도 하고 아침보다 집중력이 떨어지는 아이들이 많습니다. 오전에 비해 자리에 잘 앉아 있지 못하고 돌아다니거나 학습 활동에 집중하지 못하는 모습을 보이는 아이들이 꽤 있습니다. 하지만 끝까지 힘내서 공부를 이어가고 활동을 해내려 노력하는 기특한 아이들이 더 많습니다.

청소, 정리 시간

자, 이제 하교 시간이 다 되었습니다. 물건을 제자리에 정리하고, 자리를 정돈한 뒤, 미니 빗자루로 청소를 시작해 봅니다. 아직 청소를 꼼꼼하게 잘하지는 못하지만 그래도 내 자리는 내가 스스로 깨끗하게 할 수 있도록 연습해 봅니다. 물티슈로 깨끗하게 책상 위를 닦고 쓰레기를 버립니다. 이제 가방을 챙겨 메고 집에 갈 준비 완료!

선생님도 아이들을 제시간에 맞춰 얼른 보내 주고 싶지만 상황에 따라 정리가 늦어지면 하교 시간이 늦어질 수도 있습니다. 빨리 학원 차를 타야 하는데 늦게 끝내 준다고 아우성치는 아이들과 하교를 재촉하는 학부모들의 전화벨 소리가 울리기도 합니다. 교육 활동 중에는 많은 변수가 있습니다. 따라서 하교 시간이 칼같이 지켜지기 어려울 때가 있습니다. 아이들에게 이러한 점을 알려 주고, 학원 차를 타거나 다음 장소로 이동할 때도 이러한 점을 고려하여 5~10분 정도 여유롭게 다음 일정을 정해 주시는 것이 좋습니다.

✦ 우리 아이 스케줄표 만들기

아이들과 부모님들이 어느 정도 아이의 스케줄에 익숙해질 때까지는 아이의 스케줄표를 그려서 온 가족이 모두 확인할 수 있는 곳에 붙여 놓는 것이 좋습니다. 혹시 부모님 외에 다른 보호자가 아이를 챙길 때도 일정을 착각하지 않을 수 있는 좋은 방법입니다. 간혹 요일을 착각하여 아이가 끝나는 시간에 보호자가 오지 못하는 경우도 있습니다. 4교시만 수업하는 날인데 5교시 수업을 하는 것으로 착각하거나, 학교가 끝나고 방과후교실에 간 아이를 보호자가 하염없이 기다리게 되는 경우가 발생하기도 합니다. 매일 수업이 끝나는 시간이 다르고, 하루 일정이 다양하기 때문에 아이와 학부모님 모두 일주일의 일정에 익숙해질 때까지는 일정을 잘 관리해야 합니다.

	월	화	수	목	금
1교시 (09:00~09:40)					
2교시 (09:50~10:30)			학교 수업		
3교시 (10:40~11:20)					
점심(11:20~12:10)					
4교시 (12:10~12:50)			학교 수업		
5교시 (13:00~13:40)	방과후 컴퓨터	학교 수업	방과후 컴퓨터	학교 수업	학교 수업
학원 (13:50~14:50)	피아노	방과후 미술	피아노	댄스	피아노
학원 (15:00~16:00)	태권도		태권도		태권도
학원 또는 귀가 (16:00~)	귀가 (16:00~)	태권도	귀가 (16:00~)	태권도	귀가 (16:00~)
		귀가 (17:00~)		귀가 (17:00~)	

우리 아이는
학교에서 무엇을 배울까?

　본격적으로 공부를 시작한 우리 아이는 학교에서 무엇을 배울까요? 이번에는 교과별로 공부하는 내용에 대해 알아보겠습니다. 수업에서 배울 내용을 확인하여 집에서 부모님이 함께 예습이나 복습을 해 볼 수도 있습니다. 학교 공부를 따라가기 힘들어하면 보충학습을 할 수도 있습니다. 나아가 학교에서 배운 내용을 실생활에 적용해 볼 수도 있습니다. 그러려면 우리 아이가 시기별로 어떤 내용을 학습하고 있을지 미리 흐름을 예상해 보는 게 많은 도움이 되겠지요?

✦ 국어

국어 시간에는 본격적인 한글 공부를 합니다. 낱글자를 공부하고 문장을 만들어 읽고 쓰는 연습을 통해 국어를 바르게 사용하는 방법을 익힙니다. 듣기, 말하기, 읽기, 쓰기의 기초적인 능력, 기초적인 문법, 문학적 소양을 함양하기 위한 교육이 진행됩니다. 다음은 1학년 학기별 국어 교육 과정의 주요 내용입니다.

1학기

- 바른 자세로 듣고, 읽고, 쓰는 법 알기
- 한글 자음과 모음 익히기, 자음과 모음을 결합하여 글자를 만들어 읽고 쓰기
- 상황에 맞는 인사말 알고 실천하기
- 간단한 받침 있는 글자 읽고 쓰기
- 문장을 만들어 읽고 쓰기
- 문장 부호를 알고 띄어 읽기
- 겪은 일을 떠올려 그림일기 쓰기

1학기에는 바른 자세로 앉아서 책을 읽고 글씨를 쓰는 방법을 알고 익힐 수 있습니다. 그리고 한글의 자음, 모음, 받침 글자까지 알고 결합하여 읽을 수 있어 어느 정도 한글을 뗍니다. 기본적인 문장 부호를 알고 띄어 읽을 수 있게 됩니다. 또한 그림일기 쓰는 법을 알고 쓸 수 있습니다.

- 좋아하는 책 소개하며 읽기에 흥미를 느끼는 태도 지니기
- 말놀이를 통해 말의 재미 느끼기
- 문장으로 표현하기
- 듣는 이를 바라보며 바른 자세로 말하기
- 시, 노래, 이야기를 알맞은 목소리로 읽기
- 바르고 고운 말을 사용하는 태도 기르기
- 글을 읽고 중요한 내용을 파악하기
- 바르게 띄어 읽기
- 생각이나 느낌이 드러나는 글쓰기
- 겪은 일이 드러나게 일기 쓰기
- 이야기 속 인물의 모습과 행동 상상하기(2015 개정 교육과정)

1학년 2학기에는 한글이 느린 아이라도 이제는 복잡한 글자까지 명확하게 읽고 쓸 수 있습니다. 이 시기에는 모든 반 아이들이 한글을 완전히 떼는 편입니다. 또한 이제는 기본적인 문장을 만들어 읽고 쓸 수 있습니다. 무엇보다 띄어쓰기를 좀 더 명확히 할 수 있고, 본격적으로 일기 쓰는 법을 알고 쓸 수 있습니다.

+ 수학

수학 시간에는 100까지의 수 개념을 이해하고, 두 자리 수의 덧셈과 뺄셈, 도형 감각 키우기, 비교하기, 시각 읽기, 규칙 찾기, 분류하기 등의 학습이 이루어집니다. 다음은 1학년 학기별 수학 교육과정 내용입니다.

1학기

- 9까지의 수의 개념을 알고 수의 크기 비교하기
- 일상생활에서 직육면체, 원기둥, 구의 모양을 찾고 특징 알기
- 9 이하의 수의 범위에서 모으기와 가르기를 하고 한 자리 수 덧셈하기
- 구체물의 길이, 들이, 무게, 넓이 비교하여 '길다, 짧다', '많다, 적다', '무겁다, 가볍다', '넓다, 좁다'로 표현하기
- 10개씩 묶음과 낱개의 개념을 이해하고 50까지의 수 알기

1학기에는 두 자릿수까지의 개념을 이해하고 수를 정확히 읽고 쓰는 법을 배웁니다. 간단한 입체도형(직육면체, 원기둥, 구)의 특징을 알 수 있습니다. 한 자리 수 범위 내에서 가르기와 모으기를 능숙하게 하고 이를 덧셈과 뺄셈에 적용해서 한 자리 수 연산을 할 수 있게 됩니다. 그리고 간단한 비교(길이, 들이, 무게, 넓이)를 할 수 있습니다.

- 99까지의 수를 알고 수의 크기 비교하기
- 두 자릿수의 덧셈과 뺄셈하기
- 삼각형, 사각형, 원 모양의 특징 알고 꾸미기
- 두 자릿수 범위 내에서 세 수의 덧셈과 뺄셈하기
- 시계를 보고 '몇 시', '몇 시 30분' 읽기
- 물체, 무늬, 수 배열에서 규칙 찾기
- 덧셈식과 뺄셈식 만들기(2015 개정 교육과정)

2학기에는 두 자릿수(99까지)를 명확히 알고 쓸 수 있으며, 두 자릿수의 덧셈과 뺄셈을 능숙하게 할 수 있습니다. 그리고 간단한 도형(삼각형, 사각형, 원)의 특징을 알 수 있습니다. 또한 시계를 보고 '몇 시', '몇 시 30분'을 읽을 수 있을 겁니다. 규칙성을 알고 이를 찾아 표현할 수 있습니다.

✛ 통합(바른 생활, 슬기로운 생활, 즐거운 생활)

통합 시간에는 기본 생활 습관과 기본 학습 습관을 기르고, 계절에 따른 모습을 살펴보며 계절의 변화를 탐구합니다. 또 오감 놀이도 하고 창의적·심미적인 활동을 병행합니다.

봄

학교: 교실의 위치를 알고 학교생활 모습 알기, 친구와 친해지기
봄: 봄에 볼 수 있는 동식물 관찰하고 분류하기, 식물을 기르고 관찰하기

여름

가족: 우리 가족을 소개하고 가족과 친척의 호칭 알기, 가족에게 고마운
　　　마음 표현하기
여름: 여름철의 특징과 생활 도구를 조사하고 표현하기, 여름철 에너지
　　　절약 수칙 알고 실천하기

　1학기에는 학교의 특징과 생활 모습을 알고 적응할 것입니다. 봄
의 특징을 알고 동식물을 관찰합니다. 가족과 친척에 대해 공부하
고, 고마움을 표현합니다. 여름의 특징과 생활 도구를 알고 에너지
절약의 필요성과 방법을 알아 갑니다.

2학기-가을, 겨울

가을

마을: 공공장소 바르게 이용하기, 이웃과 더불어 생활하는 모습 조사하기
가을: 추석과 설날을 비교해 보고 민속놀이 즐기기, 가을의 특징을 알고
　　　표현하기, 추수하는 분들에게 고마운 마음 갖기

겨울

우리나라: 우리나라의 문화를 조사하고 소개하기, 남북한의 공통점과 차
    이점을 알고 북한이 같은 민족임을 알기
겨울: 겨울철의 특징과 생활 도구를 조사하기, 서로 돕고 나누는 생활하
    기, 겨울의 모습을 아름답게 표현하기(2015 개정 교육과정)

2학기에는 이웃과 더불어 살아가는 모습과 태도를 알아갑니다.
추석과 가을에 대해 자세히 탐구합니다. 그리고 우리나라를 상징
하는 문화와 북한에 대해서도 배웁니다. 또한 겨울철의 특징을 공
부하고 겨울 작품을 제작할 수 있습니다.

⊹ 창체(창의적 체험활동)

창체 시간에는 입학 초기 적응 활동(3월)이 먼저 진행되고 이후에
는 그림책 읽기, 진로 활동, 현장 체험 활동, 안전 교육, 성교육, 보건
교육, 영양 교육, 디지털 활용 교육 등 다양한 활동이 이루어집니다.
지역이나 학교의 특성에 따라 학교별로 다채롭게 구성될 수 있습니
다. 해당 학교 소속의 지역 교육청에서 강조하는 교육 방향이나 내
용, 학교의 특색 교육이 있으면 이 시간에 진행됩니다.

창제 시간에는 다양한 상황에서 내 몸을 지키고 안전하게 생활
하는 방법을 알고 익혀 실천하는 법을 연습합니다. 컴퓨터와 디지털
기기를 다루는 기본 방법도 배우며, 사이버 공간에서 지켜야 할 윤

리적 태도를 배웁니다. 또한 그림책을 읽고 상상하며 표현하는 능력을 기르고, 음식을 골고루 먹는 것의 중요성을 알게 됩니다. 성교육을 통해 내 몸을 지키고 다른 사람을 존중하는 법을 알게 됩니다.

2022 개정 교육과정 1학년 개정 중점

2024년도부터 이전과 다른 새로운 교육과정이 도입됩니다. 교육과정 개정은 시대의 흐름과 그에 맞는 교육적 요구를 충족하기 위함입니다. 1학년에서 배우는 전반적인 내용은 이전 교육과정과 크게 변하지 않지만 중점적인 몇 가지만 간단하게 설명하겠습니다.

한글 문해력 교육 강화

문해력이 화두가 되면서 1학년의 한글 교육 시수가 더 늘어납니다(이전 교육과정보다 34시간 증가). 즉, 한글 교육에 더 비중을 많이 두도록 개정되는 것입니다. 단순히 문자를 읽고 쓰는 것뿐만 아니라 다소 어려운 단어의 의미를 이해하고 수용하는 능력도 포함합니다.

국어 '매체' 영역 신설

최근에는 디지털 매체를 기반으로 하는 새로운 의사소통 방법이 많아졌습니다. 따라서 아이들이 이러한 의사소통 방식을 이해하고 적용할 수 있는 방법을 교육합니다. 일상에서 접하는 다양한 매체의 개념과 쓰임을 알고 바르게 표현하여 사용하도록 지도하는 내용이 국어 교과에 들어갑니다.

안전한 생활 흡수·통합

이전 교육과정에 있었던 '안전한 생활'이라는 교과서가 없어지고 안전 교육이 통합교과와 창의적 체험활동으로 흡수됩니다. 교과서만 없어졌을 뿐 안전 교육은 수업 중에 계속 이루어집니다.

초등학교 1학년의 숙제

숙제는 각 반의 진도와 학습 난이도, 담임선생님의 지도 방식에 따라 조금씩은 다릅니다. 일반적으로 1학년 아이들이 스스로 집중하여 10~20분 정도 투자하면 해낼 수 있는 정도의 난이도로 내줍니다. 하지만 스스로 숙제를 잘 챙겨 하는 1학년 아이가 몇이나 될까요? 따라서 1학년은 부모님께서 옆에서 숙제를 확인해 주셔야 합니다. 특히 1학년 공부는 사교육에만 너무 의존해서는 안 됩니다.

1학년의 숙제는 기초 학습 태도도 함께 기르는 것이 목적이므로 부모님이 직접 지도해 주셔야 합니다. 아이 숙제를 대하는 부모님의 태도가 공부를 대하는 아이의 태도를 결정합니다. 부모님이 아이 숙제에 관심을 기울이지 않으면, 아이도 숙제를 중요하게 생각하지 않습니다. 학교 숙제의 중요성을 알려 주고 아이가 성실한 태도를 학습할 수 있도록 확인해야 합니다. 선생님의 학습 목표와 방향대로 잘 따라서 하고 있는지, 부족하거나 보충해야 할 부분은 없는지 부모님께서 직접 살펴보아야 합니다. 선생님에 따라 지도하는 방식은 다릅니다. 공부량이 많고 숙제를 많이 내주시는 선생님을 만나 옆에서 부모님이 챙기기 힘들 수도 있습니다. 하지만 그렇다고 해서 아이에게 숙제를 하지 않아도 된다는 식으로 가르쳐서는 안 됩니다. 아이는 선생님의 학습 방향과 학부모의 교육 방향이 다를 때 혼란스러워합니다. 학부모님은 우선 아이가 선생님의 지도 방향에 따를 수 있게 도와주어야 합니다. 그리고 아이가 계속해서 버거워한다면 이후 선생님과 상담을 통해 학습량과 난이도를 조정해 보아야 합니다.

초등학교 1학년들은 보통 어떤 숙제를 하게 되는지 몇 가지 예시를 들어 보겠습니다.

✦ 큰 소리로 글자 읽기

소리 내어 정확한 발음으로 잘 읽는지 확인합니다. 부모님 앞에서 크게 소리 내어 읽고, 읽은 횟수를 표시합니다. 약속한 횟수를 모두 채우면 숙제를 다 했음을 확인하는 부모님 사인을 받아 오는 형태입니다.

예시-한글 읽기 급수장 중 일부

한글 읽기 1급(모음)			
아	아야야	여우	아이
어	여우	오이	요
요요	우유	이유	우아

읽기 연습 횟수 : ♡ ♡ ♡ ♡ ♡   부모님 확인 :

한글 읽기 30급(이중모음)			
햇불	퇴비	웬만큼	훼방꾼
왜가리	횡단보도	껍데기	뒹굴뒹굴
스웨터	꾀꼬리	수월하다	참외

읽기 연습 횟수 : ♡ ♡ ♡ ♡ ♡   부모님 확인 :

⁺⁺ 받아쓰기 연습하기

일반적으로 대부분의 학교에서 받아쓰기 급수장을 활용하여 받아쓰기를 지도합니다. 가정에서 미리 1급씩 연습해 보고 다음 날 학교에서 테스트해 보는 형식으로 진행합니다. 맞춤법을 틀리지 않고 정확한 글자로 바르게 듣고 쓰는지 연습합니다. 집에서 미리 받아쓰기 시험을 본다고 가정하고 연습해 보세요. 부모님께서 한 문제씩 불러 주면 아이가 듣고 써 보도록 하면 됩니다.

받아쓰기(시작 단계)

1 얼음
2 놀이터
3 절약
4 물음표
5 놀이동산
6 책꽂이
7 옷걸이
8 낙엽
9 계란말이
10 군인 아저씨

받아쓰기(어려운 단계)

1 멈춰라.
2 나뭇가지
3 냄비가 끓어요.
4 의자를 옮겼다.
5 볶음밥을 만들었다.
6 전등이 밝아요.
7 사자의 지혜
8 듣지 않았어요.
9 우아, 훌륭해!
10 동물 흉내

✦ 학습지 해결하기

각종 국어, 수학 문제 해결 학습지를 풀어오는 숙제입니다. 1학년 아이들은 문제를 푸는 방법 자체가 익숙하지 않은 경우가 많이 있습니다. 그럴 때는 부모님이 옆에서 문제를 같이 읽고 문제의 의도를 파악하여 답을 찾아 나가고 이를 정확하게 쓰는 방법을 알려 주세요.

✦ 그림일기 쓰기

초등학교의 일기 쓰기는 아이가 성장하는 데 많은 도움을 줍니다. 『안네의 일기』, 이순신 장군의 『난중일기』 등 역사적으로 가치를 입증하는 일기의 기록은 물론, 전 국가대표 축구 선수인 박지성의 초등학교 시절 축구 일기 역시 유명한 일화입니다. 이처럼 일기 쓰기는 한 사람의 성장에 도움이 되는 중요한 기록이 되기도 합니다.

초등학교는 일기 쓰기의 효과와 방법을 지도합니다. 일기를 쓰면 예전에 있었던 일과 그때의 생각, 느낌을 알 수 있습니다. 나의 하루 동안의 일을 돌아보면서 생각과 마음을 쑥쑥 자라게 하는 거울이 됩니다. 그리고 표현하는 힘도 길러집니다.

초등학교 1학년의 일기 쓰기는 그림일기로 지도합니다. 글로 다 쓰지 않아도 그림 하나로 많은 것을 표현할 수 있어서 아직 많은 문장을 세세하게 만들기 어려워하는 1학년의 일기 쓰기에 적합하기 때문이지요. 또 그림으로 그리면 장면을 더 생생하게 기억할 수 있습니다.

먼저 학교에서 1학년 1학기 끝나갈 때쯤 국어 시간에 그림일기 쓰는 방법을 배웁니다. 그림일기를 쓰려면 일단 문장을 만들어 쓸 줄 알아야 하고, 감정을 나타내는 어휘를 풍부하게 알고 있는 것이 좋습니다. 또 인상 깊었던 일과를 선정하고 이를 간단하게 그림으로 나타낼 줄 알아야 합니다. 아이들은 일기 주제를 정하기 어려워합니다. 학부모님이 아이와 함께 하루를 돌아보고 어떤 주제로 일기를 쓰면 좋을지 이야기를 나눠 보세요.

그림일기 예시

20XX년 XX월 XX일 X요일   날씨: 비 오다가 맑아짐

제목: 단풍 물고기

		물	고	기	를		샀	다	.		단
풍	이	라	는		이	름	을				지
어		주	었	다	.	물	고	기		가
단	풍	처	럼		빨	갛	기			때
문	이	다	.	앞	으	로		사		이
좋	게		지	내	야	겠	다	.		

그림일기를 쓰는 방법

1. 하루 동안에 겪은 일 떠올리기.
2. 가장 기억에 남는 일 고르기(매일 반복되는 일은 쓰지 않기)-늘 똑같은 일과였어도 오늘 생각하고 느낀 부분에서 평소와 다른 부분이 있다면 그 내용을 써도 좋아요.
3. 날짜, 요일, 날씨 쓰기(날씨는 자세히 써도 좋아요.).
4. 기억에 남는 장면 그림을 그리고 내용 쓰기(그림은 바탕 색칠하지 않기.).
5. 쓴 것을 다시 읽어 보고 다듬기('나는', '오늘'이라는 말은 필요한 경우가 아니면 자주 쓰지 않기.).

그림일기를 쓸 때 주의할 점!

① 맨 첫 줄 첫째 칸은 띄고 쓰기 시작합니다.
② 세 문장 이상 쓰도록 노력합시다.
③ 있었던 일만 쓰지 말고 생각하고 느낀 것도 씁니다.
④ 자세하고 솔직하게 씁니다.
⑤ 내용이 한쪽을 넘어가면 다음 장으로 이어서 씁니다.

 생각이나 느낌을 나타내는 표현

신났다. 멋있었다. 부끄러웠다. 귀찮았다. 놀랐다. 불쌍했다. 무서웠다. 기분이 좋았다. 시시했다. 뿌듯했다. 귀여웠다. 반가웠다. 부러웠다. 또 하고 싶다. 긴장이 되었다. 걱정이 되었다. 떨렸다. 밉다. 힘들었다. 화가 났다. 재미있었다.

초등학교 1년 과정 미리 보기

바쁘고 정신없는 3월이 지나고 이제 아이들도 어느 정도 학교에 적응하였습니다. 이제 본격적인 1학년 교육과정이 시작됩니다. 아이들은 어떤 흐름으로 한 해를 보내게 될까요? 즐겁고 설레는 일들이 가득할지, 혹시나 아이가 힘들어하거나 어려워할 점들은 없을지, 기대 반 걱정 반이시죠? 1년간의 주요 일정을 쭈욱 훑어보면서 중요한 학교 행사를 체크하고 아이에게 어떤 도움을 줄 수 있을지 준비해 봅시다.

3월
- 입학식
- 학교 설명회(학부모 총회 및 1학기 학부모 상담)

4월
- 학생 정서 행동 특성 검사

5월
- 건강검진(유동적)
- 1학기 행사(체육대회, 축제, 현장학습 등)

6월
- 학부모 초청 공개수업 (유동적)

7월
- 여름 방학식

8월
- 여름방학
- 2학기 개학식

9월
- 2학기 학부모 상담

10월
- 2학기 행사(체육대회, 축제, 현장 체험 학습 등)

11월
- 학습 발표회(또는 예술제)

12월
- 1학년 종업식
- 겨울방학

⚡ 학생 정서 행동 특성 검사(4월)

정서 행동 특성 검사란 학생들의 신체적인 건강뿐 아니라 심리·정서 발달의 증진을 위해 전국의 초등학교 1학년, 4학년 학생들만을 대상으로 실시하는 검사입니다. 아이의 정신적 건강 상태를 점검하고 정서적으로나 학교 행동에 어려움을 겪는 학생들에게는 상담이나 필요한 지원을 하기 위한 설문 검사입니다. 응답 내용은 비밀이 보장되며, 응답 내용으로 인한 불이익 또한 전혀 없습니다. 결과는 아이의 특성과 현재 정서·행동 측면에서 연령에 적합한 발달 단계에 있는지를 확인하기 위한 자료로만 쓰고 학교생활기록부 및 학생건강기록부에 전혀 남기지 않습니다. 따라서 아이의 평소 행동과 가정 내 생활에 대해 묻는 설문들에 솔직하게 체크하면 됩니다. 이후 검사 결과는 밀봉되어 각 가정에 우편으로 발송됩니다. 따라서 담임선생님께 실거주 주소를 정확히 알려 주셔야 합니다. 담임선생님께 잘못된 주소를 알려 드릴 경우, 아이의 정서 행동 검사 결과지가 엉뚱한 곳으로 발송되기 때문에 각별히 주의해야 합니다.

검사를 하는 날 아이와 크게 갈등이 있는 경우, 그날의 상황만 생각하여 다소 극단적으로 검사에 임하는 경우도 있습니다. 이렇게 하면 검사의 정확도가 떨어집니다. 따라서 평소 아이의 생활 모습을 떠올리며 검사에 임해야 합니다. 아이는 평범한데 부모님께서 너무 엄격하셔서 높은 기준을 적용하여 응답하는 경우도 있습니다. 아이의 나이를 고려하여 발달 수준에 맞는 내용으로 응답하시면 됩니다.

반대로 아이가 평소에 정서적으로 문제 행동을 보여서 다소 걱정되는 부분이 있었는데 검사를 받을 시간적, 금전적 여유가 없거나, 도움을 받을 기관을 알지 못하여 마땅한 대처법을 몰라 망설였던 분들도 있습니다. 이런 경우, 정서 행동 특성 검사를 통해 아이의 상태를 객관적으로 진단하고 담임선생님과 학교 상담 선생님의 지원을 받을 수 있습니다. 검사 결과 아이가 우선 지원 대상자 또는 관심 대상자로 선정되면 학교 측에서 검사나 치료, 또는 상담 등 아이에게 필요한 부분에 맞춰 도움을 받을 수 있습니다. 그러니 검사에 솔직하고 객관적으로 임하는 것이 매우 중요합니다.

✦ 학생 건강검진(연중 1번)

학생 건강검진은 학교 건강 검사 규칙에 의해 모든 초등학교 1, 4학년 학생들에게 실시됩니다. 지역별 건강관리협회와 학교의 상황에 맞추어 일정을 조율합니다. 건강검진 비용은 학교에서 전액 부담하기 때문에 학생이나 보호자에게 별도의 비용이 발생하지 않습니다.

학생 건강검진은 학교에서 일괄적으로 학생들을 데리고 가서 진행하는 지역도 있고, 보호자를 동반하여 개별적으로 방문하여 검사하는 지역도 있습니다. 학교 보건 선생님께서 보낸 가정통신문을 잘 읽고 참고하시면 됩니다. 개별적으로 방문하는 경우, 학교에서 지정한 검진 기관에 방문해서 건강검진을 받아야 합니다. 방문하기 전 학교에서 미리 나눠 주는 문진표를 작성하여 검진 당일, 기관에 제출합니다.

초등학교 1학년의 건강검진은 금식까진 하지 않고 당일 아침 편안한 복장으로 학교에 오면 진행됩니다. 키와 몸무게, 혈압을 측정하고 시력, 청력, 색약 등을 확인합니다. 구강 검사도 하고 문진표를 바탕으로 의사와 면담을 진행합니다.

건강검진에서 제일 난관에 부딪히는 것은 바로 소변검사입니다. 소변검사가 임박했을 때 소변을 참지 못하고 화장실에 갔다 온 아이는 소변검사가 시작되면 소변이 나오지 않아서 낭패입니다. 이러면 기다렸다가 재검사하거나 다음에 따로 방문하는 등의 조치가 필요합니다. 또 화장실에 들어가서 자신의 중간 소변을 종이컵에 받는 것이 아이들에게는 쉽지 않은 미션입니다. 그래서 이를 대비하여 미리 집에서 종이컵을 준비하여 부모님과 함께 소변을 받는 연습을 해 볼 것을 추천합니다. 또 다른 사람의 소변보는 모습을 보거나, 부끄러운 말과 행동을 하지 않도록 사전에 성교육 관련 지도가 필요하겠지요? 가정에서도 화장실에서 지켜야 할 매너를 잘 알려 주시는 것이 좋습니다.

✦ 학부모 공개수업

1학년은 초기 적응 과정이 지나고 아이들이 학교생활에 충분히 적응한 뒤 학부모 공개수업을 합니다. 학부모 공개수업은 학교의 상황과 수업 구성에 따라 참관수업(부모님께서 아이의 학교생활을 눈으로 관찰할 수 있게 하는 수업) 또는 참여 수업(부모님께서 아이와 함께 학습 활동에 참여하는 수업)의 형태로 진행됩니다. 유치원에서는 주로 참여 수업의 형태가 많았다면 초등학교에서는 참관수업으로 진행되는 경우가 많습니다. 공개수업 참관 시 챙겨야 할 부분은 무엇인지, 중점적으로 눈여겨봐야 할 부분은 어떤 것들이 있을지 알아보겠습니다.

초등학교 1학년 공개수업은 거의 모든 학부모님들께서 참석하십니다. 아무리 바빠도 최대한 시간을 내서 참석하셔야 아이가 상처받지 않습니다. 엄마가 못 오면 아빠가, 아니면 할머니, 할아버지, 삼촌 등 누구라도 한 명을 섭외하는 것이 좋습니다(사정이 여의치 않을 때는 아이에게 미리 잘 설명해 주어야 합니다.).

우선 공개수업이 시작되기 5~10분 정도 전에 미리 도착하여 수업 시작 전에 아이를 만나는 게 좋습니다. 아이들은 부모님이 나의 공부하는 모습을 보기 위해 오셨다는 것에 고마움을 느끼며 반가워합니다. 아직 부모님이 나타나지 않은 아이들은 우리 부모님이 언제 오시는지 확인하느라 자리에 잘 앉지도 못합니다. 수업 시작 전에 미리 오셔서 부모님 얼굴을 보여 주고, 열심히 공부하라고 응원해 주면서 시작하는 것이 좋습니다.

수업이 시작되면 먼저 아이가 자리에 바른 자세로 앉아 선생님의 말씀에 귀를 잘 기울이고 있는지, 수업 활동에 집중하고 있는지 보는 것이 중요합니다. 평소 학습 태도가 어떤지 점검하는 겁니다. 만약 또래보다 집중을 잘 못하고 자리에 앉아 있지 못하거나 돌아다니는 등 산만한 모습을 보이진 않는지 살펴봐 주세요.

아이가 적극적인 성격이어서 발표도 씩씩하게 잘한다면 더할 나위 없습니다. 하지만 다소 소극적이고 부끄러움이 많은 학생이거나, 갑자기 많은 어른들 앞에서 말하는 것이 쑥스러워 발표를 제대로 하지 못해도 너무 속상해하지 않아도 됩니다. 긴장해서 평소보다 표현이 잘 안될 수도 있습니다.

참관수업이 끝나면 아이에게 다가가 안아 주시면서 아이의 노력을 칭찬해 주세요. 그리고 여유가 된다면 아이의 사물함이나 서랍의 정리 상태를 확인해 주세요. 아이가 물건을 잘 정리 정돈하는지 체크해 보세요. 또 게시판에 아이의 미술 작품이 게시되어 있다면 살펴보시면서 아이의 미적 감각이나 소근육 발달 정도, 작품 제작과 표현 능력이 또래에 비해 어떤지 알 수 있는 계기가 됩니다.

✦ 학교 행사(운동회, 진로 축제 등)(5~6월 또는 10월)

학교 행사는 날씨가 비교적 덥거나 춥지 않아 아이들이 야외 활동하기 좋은 봄 또는 가을에 편성합니다. 대표적인 학교 행사로는 운동회 또는 체육대회가 있습니다. 아이들이 가장 신나고 좋아하는 날입니다. 며칠 전부터 설렘을 감추지 못하고 서로 경기에서 이기려고 기 싸움을 하기도 합니다. 진로 축제는 학교마다 상황에 맞게 다양하게 운영이 되는데, 아이들이 여러 교실이나 부스를 돌아다니며 체험하는 형태로 진행되는 경우가 많아서 이날도 활동량이 상당히 많아집니다.

축제나 운동회 같은 활동은 학년별로 나누어 1학년들끼리만 하는 경우도 있고, 전교생이 다 함께 참여해서 진행하는 경우도 있습니다. 어쨌든 우리 반 친구들뿐만 아니라 더 많은 학생들과 함께 어울려 활동하기 때문에 색다른 즐거움이 있습니다. 또한 이럴 때일수록 질서를 더욱 잘 지켜야 함을 강조하게 됩니다. 많은 학생들이 함께하기 때문에 아이들은 함께 어울리며 평소보다 더 에너지가 넘치고 아주 즐거워하다 못해 다소 흥분 상태가 됩니다.

햇빛이 강한 날에 야외에서 활동을 하게 된다면 모자와 물병을 잘 챙겨 주세요. 활동하기 편한 복장과 신발은 기본입니다. 많이 걷거나 뛰고 신체활동을 많이 하기 때문입니다. 이런 행사를 치른 날은 아이가 집에 오면 평소보다 더 힘들어하고 피곤해합니다. 집에 오자마자 깨끗이 샤워를 하고 일찍 잠자리에 들어야 다음 날 일정에 차질이 생기지 않습니다.

⊹ 현장 체험 학습에 간대요!(5~6월 또는 10~11월)

설레는 현장 체험 학습! 현장 체험 학습은 아이들의 직접적인 활동을 중심으로 학습이 이루어지도록 구성합니다. 지역 사회의 여건과 장소의 상황 등에 따라 공예, 도예, 동물 먹이주기, 박람회, 예술 공연 관람 등 다양한 체험 활동이 있습니다. 아이들은 답답한 교실을 벗어나 현장으로 나가서 재밌는 공부를 할 생각에 신이 납니다.

1학년은 버스를 오래 타면 체력적으로 힘들어할 수 있기 때문에 가까운 장소를 선정합니다. 그렇다고 너무 가까운 장소는 아이들이 이미 가 본 곳일 가능성이 커서 선생님들은 장소 선정에 신중을 기

체험 학습 준비물 챙겨주실 때 주의점

도시락과 음식을 너무 많이 챙겨 주지 마세요. 체험 활동에 집중하다 보면 먹을 시간이 생각보다 넉넉하지 않아서 대부분 남깁니다. 아이가 무거운 가방을 메고 계속 걸어 다니는 활동이라면 가방이 무거워 힘들어할 수 있습니다. 과자류는 적당량을 보관 용기에 덜어 넣어서 보내 주세요. 과일류도 마찬가지로 깎아서 용기에 담아와야 합니다. 초콜릿 종류나 바나나는 잘 녹기에 추천하지 않습니다. 탄산음료나 과일음료보다는 물을 넣어 주세요. 음료수는 캔 종류 대신 뚜껑이 있는 제품으로 준비해야 합니다. 아이가 스스로 뚜껑을 따기 어려워하면 미리 부모님께서 뚜껑을 딴 뒤에 다시 잠가서 보내 주세요. 어린이용 음료수 중 윗부분을 잡아 빼서 먹는 음료의 경우 안쪽에 마개 비닐을 미리 제거하고 넣어 주세요.

합니다. 보통 1시간 이내로 갈 수 있는 장소를 섭외하고 전세 버스를 대여하여 이동했다가 하교 시간에 맞춰 돌아오는 일정으로 계획을 수립합니다. 점심은 도시락을 싸거나 활동이 일찍 끝나는 경우는 일찍 학교로 돌아가 급식을 먹은 뒤 남은 수업을 진행하고 시간에 맞춰 하교하기도 합니다. 따라서 체험 학습 장소 상황에 따라 일정과 준비물이 다 다릅니다. 관련 사항은 가정통신문으로 미리 안내하기 때문에 꼼꼼하게 확인해야 합니다.

하지만 무엇보다 안전한 게 제일 중요하겠죠? 사고 없이 무사히 잘 다녀올 수 있도록 미리 안전교육도 실시합니다. 아이들은 설레는 마음을 주체하지 못해서 평소 학교에 있을 때보다 규칙을 더 안 지킬 수도 있습니다. 이럴 때일수록 더욱 질서를 지키기 위해 노력해야 한다고 일러 주세요.

체험 학습의 점심시간

점심시간은 체험 학습의 꽃입니다. 실제로 아이들도 돗자리를 펴고 점심 도시락을 먹은 시간이 제일 좋았고 기억에 남는다고 말합니다. 다른 친구가 싸 온 도시락을 구경도 하고 서로 나눠 먹기도 하지요. 하지만 요즘 의외로 많은 아이들이 자기 혼자서 밥을 먹습니다. 급식 시간에 지정된 자리에서 혼자 먹는 것이 익숙하기 때문에 밖에 나와서 먹어도 혼자 먹는 것을 더 편안해하는 아이들이 많은 것입니다. 아이가 친구 없이 혼자 밥을 먹었다고 해도 교우 관계에 문제가 있는 것이 아닙니다. 친구들과 소통하며 잘 지내더라도 혼자서 밥을 먹는 아이들이 많다는 것을 참고로 알아두세요.

✦ 여름방학과 1학기 생활통지표

이제 여름방학이 되었습니다. 방학식날, 아이가 생활통지표를 챙겨옵니다. 생활통지표는 아이의 한 학기 생활이 어떠했는지, 교과별로 어떤 태도로 학습했는지, 학교생활을 어떻게 했는지 담임선생님께서 적어 주십니다. 이때 각 내용을 잘 살펴보고 아이가 무엇을 잘하는지, 방학 동안 보충할 부분이 있는지 확인하시면 됩니다. 각 학교마다 공개하는 통지표의 하위 항목이 다르므로 학교에서 제공하는 양식에 맞춰 아이를 객관적으로 판단하는 자료로 활용하면 됩니다.

교과 평가 및 교과 학습 발달 상황

교과 평가는 잘함/보통/노력 요함의 3단계 또는 매우 잘함/잘함/보통/노력 요함의 4단계로 평가하는 경우로 학교마다 규정이 다르지만 3단계 평가가 최근에는 가장 보편적입니다. 교과 학습 발달 상황은 교과 활동 시 아이가 학교에서 어떤 모습으로 어떤 공부를 했는지 드러납니다. 공부 내용을 잘 이해하고 과제를 충실히 했는지 확인해 보세요.

출결 상황

결석, 지각, 조퇴 등의 횟수가 나옵니다. 장기 결석의 경우 결석 사유도 기록됩니다.

창의적 체험활동 학습 상황

창의적 체험활동을 하면서 아이가 어떤 학습의 성과와 태도를 보였는지 기록됩니다.

행동 발달 특성 및 종합 의견

아이의 학교생활 전반에 걸쳐 학습 태도, 생활 및 적응, 교우 관계 등에 대한 담임선생님의 견해가 서술됩니다.

1학기 생활통지표 예시 및 해석 방법

수업 시간에 적극적인 태도로 발표를 잘하며, 여러 분야의 지식이 풍부하고 이를 바탕으로 자신의 생각이나 의견을 조리 있게 잘 이야기함. 친구들에게 고운 말과 바른 태도를 유지하려 노력함. 항상 긍정적인 시선으로 모든 일에 즐겁게 임하는 태도가 돋보임.

- ~가 돋보임, ~에 탁월함, ~가 매우 우수함: 아이의 강점을 표현할 때 씁니다.
- 잘 ~함. ~을 잘함: 이런 표현이 들어가면 내 아이가 이 부분을 학교에서 무난하게 잘하고 있다고 보면 됩니다.
- ~하려 노력함: 이 표현은 아이가 열심히 노력은 하고 있지만 잘될 때도 있고 안 될 때도 있을 때 주로 쓰는 표현입니다.
- ~하는 데에 노력이 요구됨: 아이가 노력하여 고쳤으면 하는 점을 나타낼 때 쓰는 표현입니다.

이런 방식의 문장으로 서술하기 때문에 잘 읽어 보면서 아이가 어떤 일을 잘 해냈는지, 담임선생님께서 아이를 어떻게 평가하는지 알 수 있습니다.

특히 '행동 발달 특성 및 종합 의견' 란에 담임선생님의 아이를 보는 견해가 집약되어 있습니다. 다른 부분보다도 이 칸에 적힌 문장들에 주목해야 합니다. 이 영역은 1, 2학기를 통틀어 아이의 전반적인 학교생활 태도와 특성을 관찰하여 담임선생님이 종합적인 의견을 서술합니다. 1학기에 아이의 전반적인 학교생활을 기록하고 2학기에 첨가 또는 수정하여 최종 확정하는 학교도 있습니다. 혹은 좀 더 관찰한 뒤 2학기에 확정 서술하는 학교도 있습니다. 담임선생님께서 아이를 어떻게 평가하는지 문장으로 표현되어 있으므로 잘 읽어 보고 방학 동안 보충할 부분이 있는지 살펴보시면 됩니다.

✛ 여름방학, 알차고 신나게 보내기

여름방학은 주로 휴가철과 맞물리기 때문에 여름휴가를 계획하는 경우가 많습니다. 계곡이나 해수욕장과 같은 여름 휴가지에서 아이들과 즐거운 추억을 쌓아 보세요. 물놀이와 모래놀이를 하면서 신나게 노는 모습, 생각만 해도 흐뭇하지요. 아이들도 이때의 추억을 매우 소중하게 간직합니다. 개학 후에는 여름방학 때 어디 다녀왔는지 자랑하느라 바쁩니다. 평소 학교에 다니느라 미처 가지 못한 여행지나 체험 학습 장소에 가서 아이들이 다양한 활동을 할 수 있도록 해 주고, 신나고 긍정적인 기억을 만들어 주는 것이 좋습니다.

또 평소에 시간이 맞지 않아서 배우지 못한 것들을 배우러 다니는 시간으로 활용해도 좋습니다. 악기 연주, 공연 관람, 전시회 관람, 미술 작품 제작, 운동 배우기, 과학 탐구, 요리 등 여러 체험 학습들을 해 볼 것을 추천합니다.

또 학교 다니느라 책을 읽을 시간이 부족했다면 책을 읽을 시간을 확보해 주세요. 시간 여유가 있으므로 호흡이 긴 책 읽기에 도전해 보는 것도 권장합니다. 간단한 독서록을 작성하면서 글씨 쓰기 연습도 하고, 생각의 폭을 넓히는 계기를 만드는 것도 좋습니다.

만약 학교에서 공부가 부족했던 부분이 있거나, 아직 한글을 완벽하게 터득하지 못했다면 방학을 활용하여 부족한 공부를 보충해야 합니다. 집에서 한글 학습지를 한 번 더 풀어 보거나, 선생님과 공부한 국어책을 다시 한번 살펴보고 10칸 공책에 따라 쓰기 활동을 해 보는 것도 추천합니다.

✛ 2학기 준비, 알림장과 받아쓰기 준비(8월 말)

학교별 교육과정 운영 상황에 따라 다르지만, 일반적으로 1학기에서 2학기로 넘어가는 시점에 알림장과 받아쓰기를 시작합니다.

처음에는 간단하게 단어 한 줄 정도를 쓰는 것으로 시작해서 나중에는 알림장에 문장으로 기록하는 수준으로 연습합니다. 따라서 한글 읽기는 유창하게 이루어져야 하고, 한글 쓰기도 원활하게 이루어질 수 있도록 준비해야 합니다.

받아쓰기 역시 1학년 학습에서 다루어지는 영역입니다. 한때는 1학년의 받아쓰기를 금지하라는 교육부의 권고도 있었지만 사실상 현장과는 좀 동떨어지는 요구사항이어서 지금은 학교 재량에 따라 받아쓰기를 하는 학교들이 많습니다. 아무래도 한글을 명확하게 읽고 쓰는 능력을 집중적으로 기르도록 하는 데에는 받아쓰기가 굉장히 효율적이기 때문입니다.

✦ 2학기 상담, 1학기와는 다르게(9월)

2학기에도 상담 주간이 있습니다. 주로 개학 이후 2학기 적응 기간을 갖고 난 뒤에 상담을 진행하는 경우가 많아 9월에 합니다.

2학기 상담은 1학기 상담과 어떤 부분이 달라질까요? 1학기 상담 때는 아이와 담임선생님이 만난 지 얼마 되지 않은 시점이기 때문에 담임선생님은 한창 아이의 특성을 파악하고 정보를 수집했습니다. 따라서 부모님께서 선생님께 아이의 특징이나 아이와 관련된 정보를 많이 이야기해 주시는 방향으로 상담이 진행되었을 가능성이 높습니다.

2학기 상담에서는 선생님께서 약 6개월간 관찰하고 파악한 아이의 개별적 특성과 학교생활에서의 모습을 말씀해 주실 것이니 이를 귀 기울여 들으셔야 합니다. 아이가 학교생활을 잘하고 있는지, 학습은 잘 따라가는지, 교우관계에 문제는 없는지 등에 관해 선생님의 견해를 듣고 가정에서 적극 협조하는 방향을 모색하는 시간으로 상담이 진행됩니다.

✦ 학습발표회 또는 예술제(11~12월)

1년이 거의 다 끝나갈 무렵, 학교 상황에 따라 아이들의 성장과 재능을 발표하고 뽐내는 자리를 마련합니다. 학습발표회 또는 예술제라고 부르는데, 학교 상황에 따라 격년으로 시행하기도 하고, 매년 열리기도 합니다. 학부모님을 초대하는 경우도 있고 학생들끼리만의 축제로 운영하는 때도 있습니다.

코로나 이후로는 대면 발표 대신 영상으로 미리 촬영하여 발표 당일 재생하는 방법도 도입되었습니다. 이제 영상 발표가 자리를 잡아 가고 있어 코로나가 종식되었지만 아이가 영상 발표를 원한다면 영상으로 발표하는 방법도 병행 운영하고 있습니다. 대면 발표를 부끄러워하는 아이들은 영상 발표를 더 선호하고 좋아합니다. 1학년은 주로 노래 부르기, 줄넘기 시범, 태권도 시범, 악기 연주, 댄스, 무용, 마술 등 다양한 분야에서 자신의 재능을 뽐냅니다. 발표의 결과보다도 아이가 열심히 준비하고 연습하는 과정을 칭찬해 주세요.

✦ 학년말 방학과 종업식(12~2월)

이제 1학년이 모두 끝났습니다. 종업식을 하고 나면 1학년에서 배워야 할 내용을 다 배웠으니, 겨울방학이 지나고 3월이 되면 2학년이 됩니다. 그동안 수고한 아이를 칭찬해 주세요.

학교마다 다른 학사 일정에 따라 어떤 학교는 겨울방학을 가진 뒤 1월 또는 2월 중간에 다시 등교하여 남은 1학년 과정을 마무리하고 2월에 종업식을 한 뒤 학년말 방학(봄방학)을 거쳐 3월 2일에 2학년으로 진급합니다. 또 다른 지역에서는 1월 초중순경 종업식까지 모두 마무리한 뒤 1~2월 말까지 학년말 방학 기간을 갖습니다. 각 학교의 학사 일정을 잘 참고해서(주로 학기 초에 미리 1년 학사 일정을 안내합니다.) 방학 기간을 미리 알고 있어야겠지요?

또 1학년 생활기록부가 마감되고 학년말 생활통지표가 나옵니다. 통지표 양식은 여름방학 때 받았던 1학기 생활통지표와 같습니다. 1학기에 비해서 2학기 때 어떤 점이 달라졌는지, 우리 아이가 좀 더 성장한 부분과 부족한 부분은 무엇일지 담임선생님의 의견을 잘 읽어 봅니다.

학년말 방학 때는 2학년 진급을 앞두고 있으므로 미리 2학년 때 배울 내용을 예습해도 되고, 1학년 때 배운 내용을 복습하는 기간으로 삼아도 좋습니다. 특히 한글을 아직 완벽하게 떼지 않았다면 집중적으로 한글 공부를 하는 것이 좋습니다. 2학년 때부터는 좀 더 긴 문장과 의미를 파악해야 하는 국어 공부가 시작되기 때문이지요.

우리 아이 학교 적응에
문제가 있다면?

부모 입장에서 아이를 학교에 보내면서 가장 걱정되는 부분은 학교 부적응이나 교우 관계의 문제일 것입니다. 사실 공부를 잘하는 것보다 친구들과 원만하게 지내고 학교에 잘 적응하면서 안정적으로 사회성을 키워나가는 것이 중요합니다. 이번에는 아이가 학교 생활에 적응할 수 있는지, 교우 관계에 어려움은 없는지 알아보겠습니다. 주의 집중이 잘 안돼서 적응하기 어려워지는 않는지, 친구들을 사귀는 걸 힘들어하고 있지는 않은지, 또는 학교 폭력으로 괴로워하고 있거나 반대로 다른 친구를 괴롭히고 있는 건 아닌지 등등 여러 상황을 예상해 보고 이럴 때 학부모로서 어떻게 대처하는 게 좋을지 알려 드리겠습니다.

✦ 주의 집중이 잘 안되나요?

유치원을 졸업하고 이제야 초등학교 1학년에 입학한 아이에게 높은 수준의 집중력과 좋은 학습 태도를 요구하는 것은 무리입니다. 1학년 때는 서서히 올바른 학습 태도를 배우면 됩니다. 40분이라는 긴 시간 동안 아이들이 한자리에 계속 앉아 있는 것은 힘든 일입니다. 따라서 담임선생님도 1학년 아이들에게 고도의 집중력을 요구하지는 않습니다. 그러니 학부모님도 너무 성급하게 생각하지 마시고 기다려 주어야 합니다.

물론 짧게 자주 집중력을 발휘하여 학교생활에서 자기 일을 스스로 해내는 것은 중요합니다. 그리고 더러 이러한 집중력을 잘 발휘하지 못하는 아이들도 있습니다. 제출해야 할 서류를 가방에서 꺼내라고 이야기한 선생님의 말씀을 귀 기울여 듣지 않아서 집에 도로 갖고 오거나, 가져가라고 했던 물건을 학교에 두고 빈 책가방을 메고 집에 가는 경우가 있습니다. 집중력이 부족한 아이는 생활속에서 자꾸 놓치는 것이 생깁니다. 이는 학습이나 교우 관계의 문제로 예를 들면, 수업 시간에 선생님께서 "이 종이를 반으로 잘라서 짝과 나누어 쓰세요."라고 하는 설명에 집중하지 못하고 혼자 종이를 독차지해서 짝과 다툼이 벌어지기도 합니다. 이럴 때를 대비해 선생님이 하는 중요한 말에 집중하고, 누군가가 말을 할 때는 딴 생각을 하지 않아야 합니다. 학교생활에 필요한 집중력을 가정에서 기르는 방법은 다음과 같습니다.

한 번에 한 가지 일만 알려 주세요

아이들은 물론 어른들도 한 번에 여러 가지 일을 동시에 해낼 수는 없습니다. 흔히 말하는 멀티태스킹은 인지심리학에서 '악마'라고 표현할 정도로 최악의 방법입니다. 굉장히 비효율적이고 어렵기 때문입니다. 아이들에게도 마찬가지로 멀티태스킹을 요구하면 안 되겠지요. 아이들에게는 여러 가지 일을 동시에 제시하는지 말고, 한 번에 한 가지씩 집중하여 처리할 수 있도록 잘게 쪼개서 이야기해야 합니다. 가정생활에서도 자연스럽게 어떤 일을 세분화해서 접근해야 합니다.

네 방 정리하고 나와서 밥 먹어. (X)

(세 문장으로 쪼개 말하기)
- 장난감은 장난감 수납함에 넣자.
- 이제 종이를 쓰레기통에 버리자.
- 이제 손 씻고 오렴.

위와 같이 아이에게 나누어 말해 주는 것이 좋습니다.

할 일을 마치면 칭찬해 주세요

어떤 일에 집중하는 동안에는 가급적 옆에서 말을 걸지 마시고 일을 다 해냈을 때 즉시 칭찬해 주세요. 아이가 해냈다는 성취감을 느낄 수 있게 해 주는 겁니다. 그러면 아이는 부모님의 격려와 칭찬으로 뿌듯함을 느끼고, 집중의 필요성을 알게 됩니다. 생활 속에서 집중이 필요한 적당한 과제에 참여하고, 이를 해냈다는 자신감과 성취감을 느끼면 아이 스스로도 다른 일을 할 때에도 집중력을 더 발휘하려 노력하게 됩니다.

집중할 수 있는 집안 분위기를 만들어 주세요

아이에게 책을 읽어 주고 있는데 아이가 책에 집중하지 않고 딴청을 부린다면 단호하게 책을 덮은 다음, 아이의 눈을 보고 책에 집중하라고 말해 주세요. 가족 중 누가 말하고 있을 때는 핸드폰을 보지 말고 그 말에 귀를 기울이라고 알려 주세요(물론 부모님 역시 아이가 말하고 있을 때는 핸드폰을 보지 않는 것이 좋습니다.). 어떤 일을 할 때 집중하는 습관이 일상에서 자리 잡을 수 있도록 집안 분위기를 조성해야 집중력이 길러집니다.

간혹, "우리 아이는 핸드폰 볼 때는 집중하는데요?"라고 하시거나 "레고할 때는 너무 집중을 잘해서 옆에서 불러도 몰라요."라고 이야기하시는 경우가 있습니다. 이는 엄밀히 말해서 집중이라 보기 어렵습니다. 주의 집중이란 내가 하기 싫은 일이어도 어떤 목표가 있어서 그 목표에 도달하기 위해 끈기를 갖고 매진하는 것을 말합니다.

아이가 지나치게 집중력이 약하다면 담임선생님에게 연락이 올 것입니다. 그럴 때는 상담을 통해 아이의 상태가 어떤지 정확한 정보를 듣고, 담임선생님과 해결 방안을 의논하면 됩니다. 대부분은 담임선생님과 상담하여 해결할 수 있습니다. 그리고 정도에 따라 상담 선생님과의 면담, 전문 기관과의 연계 치료 등 여러 가지 방안이 있습니다.

학교는 학생의 원활한 학교생활을 위해 다양한 프로그램을 운영하는 많은 기관과 협력 체계를 맺고 있습니다. 또한, 학생과 학부모님이 적극적인 도움을 요청하면 예산이나 추가적인 교육을 무상으로 지원받을 수 있습니다. 그러니 불안해하지 말고 담임선생님의 조언을 구하면 됩니다(p. 282 참조).

✦ 교우 관계에서 어려움을 느끼나요?

학교에서 원만한 교우 관계는 상당히 중요합니다. 어른들과 마찬가지로 아이들 역시 친구들과의 관계가 뜻대로 잘 형성되지 않습니다. 어른들에게도 잘 맞지 않는 사람이 있듯이 아이들도 마찬가지입니다. 특히 가정에서 개인주의적인 삶을 살아오던 아이들이 학교에서 단체 생활을 하면서 다른 친구와 갈등을 조율하고 서로 맞춰가는 과정에서는 일련의 배움과 경험이 필요합니다. 아이들은 학교에서 직접 관계에서 발생하는 문제를 해결하는 방법을 터득해 갑니다.

내 아이가 외톨이 같아요

어떤 아이들은 벌써 친해져서 즐겁게 놀고 있는데, 우리 아이만 겉도는 것 같아서 속상한 느낌 드시나요? 놀이 시간에 혼자 놀았다는 이야기를 들으니 우리 아이만 외톨이가 된 것 같아서 마음이 좋지 않으시다고요?

친구 관계는 아이들의 성격에 따라 다른 양상으로 드러납니다. 모든 친구들과 골고루 잘 지내는 성향의 아이는 여러 아이들과 스스럼없이 놉니다. 그때그때 상황에 따라 옆에 있는 친구와 그냥 노는 겁니다. 노는 친구들이 수시로 바뀌기도 합니다. 팽이치기는 이 친구와, 달리기는 저 친구와, 보드게임은 또 다른 친구와 하는 거죠. 또 어제는 이 친구가 옆에 보이길래 같이 놀고, 오늘은 저 친구가 나랑 비슷한 속도로 밥을 다 먹었기 때문에 저 친구와 놉니다. 이런 식으로 모든 친구들과 즉각적인 교우 관계를 형성하기도 합니다.

어떤 아이는 친하다고 생각하는 몇몇 아이들과만 주로 교류하고 다른 친구와는 쉽게 놀거나 대화하지 않는 경우도 있습니다. 이럴 때 굳이 모든 친구들과 다 잘 지내야 한다고 강요하거나 재촉할 필요는 없습니다. 이런 행동은 특별히 문제 되지 않습니다. 아이의 성향일 뿐입니다.

아이가 친구 없이 혼자 놀았다고 말하더라도 너무 걱정하지 마시고 기다려 보세요. 대부분 학기 초에 이런 걱정을 하다가 시간이 지나면 자연스럽게 성향이 맞는 아이들끼리 자석처럼 끌립니다. 교우 관계는 아이들마다 시간, 속도, 특징이 다릅니다. 1년이라는 시간 동안 긴 호흡으로 지켜봐 주세요.

물론 1년 동안 굳이 많은 친구를 사귀지 않고 혼자 노는 아이들도 있습니다. 이러한 아이들은 친구가 없다고 힘들어하지 않고 혼자 노는 것에 몰입하여 행복해하는 성향입니다. 이런 경우도 특별히 걱정할 필요가 없습니다. 자신만의 세계에서 행복한 놀이를 즐기는 아이들의 성향도 존중받아 마땅합니다. 이런 친구들은 흔히 어떤 날은 친구랑 놀고, 어떤 날은 "오늘은 나 혼자 놀고 싶어."라며 혼자만의 시간을 가집니다. 그러니 학부모님은 아이들의 성향을 알고 이를 존중해 주어야 합니다.

장난인지, 폭력인지? 애매한 1학년 교실 풍경

초등학교 1학년 교실에서 흔히 볼 수 있는 교우 관계의 어려움은 장난과 폭력을 구별하지 못하면서 생깁니다. 단순한 장난이라고 생각했는데 상대방은 폭력으로 받아들일 수 있습니다. 따라서 친구와 접촉을 할 때 힘을 세게 주는 행동을 하지 말라고 가정에서부터 주의를 줄 필요가 있습니다. 또 과격하게 말하는 것은 상대에게 언어폭력으로 다가올 수 있으니 부드럽고 다정한 말투와 언어를 사용하는 것이 좋다는 것을 알려 주고 연습해야 합니다.

또 좋아하는 마음을 과하게 몸으로 표현하지 않도록 알려 주어야 합니다. 원치 않는 과한 신체적 접촉은 성적인 폭력으로 인지할 수 있기 때문입니다. 1학년 아이들은 이런 것들이 상대에게 불쾌감을 줄 수 있다는 것을 잘 모르고 아무 생각 없이 끌어안거나 뽀뽀를 하려는 등의 행동을 하는 경우가 있습니다. 집에서 아이의 이야기를 들은 부모들은 깜짝 놀라기도 합니다. 친구를 좋아하는 마음은 스킨십이 아니라 말과 표정과 눈빛으로 표현하는 거라고 알려 주시면 됩니다.

대부분 1학년 아이들 행동의 의도는 순수하고 단순합니다. 아무 생각 없이 손부터 뻗고 보는 겁니다. 하지만 받아들이는 사람이 싫어하는 행동을 지속한다면 이는 장난의 수위를 넘어서서 자칫 폭력이라는 오해를 불러일으킬 수 있음을 알려 주고 1학년 때부터 경계선을 잘 지킬 수 있도록 교육해야 합니다.

같은 반에 프로 갈등러가 있어요

신체적·정서적으로 또는 기질적으로 불편한 부분을 타고난 아이나 여러 가지 안 좋은 상황에 의해 마음에 상처가 있어, 친구 사귀는 법이 서툴고 다른 친구들에게 공격적이며 갈등을 자주 일으키는 아이가 같은 반에 있을 수 있습니다. 우리 아이 반에 그런 아이가 있다면 이 아이는 모든 아이들에게 불편함을 줍니다. 이로 인해 아이가 상처를 입지는 않을까 걱정되는 마음도 충분히 이해합니다. 이 아이의 부모님은 아이의 이런 특징을 어디까지 인지하고 인정하고 있는지, 대처 방안을 찾고 육아에 노력을 하고는 있는 건지 물어

보고 싶고 따지고 싶은 마음도 알고 있습니다.

너무 걱정하지 마시고 일단 한걸음 물러서서 지켜보세요. 담임 선생님도 특히 예의 주시하고 있으며, 같은 반 아이들끼리 지나친 갈등을 일으켜 힘들어하지 않도록 늘 신경 쓰고 있습니다. 아이는 담임선생님과 지속적으로 상담하고 원만한 교우 관계를 연습해 나가며 자신의 행동을 교정하기 위해 노력하고 있습니다. 이 아이의 부모님 또한 담임선생님과 상담하고 아이의 행동 교정과 학교 적응을 위해 열심히 힘쓰고 있습니다. 힘들겠지만 이 아이를 너무 배척하지 말고 기다려 주는 것은 어떨까요?

그럼 우리 아이는 이 아이와 마찰이 생길 때 어떻게 대처해야 할까요? 일단 명료하게 말하는 연습을 해야 합니다. 공격적인 행동이나 남에게 피해 주는 말을 했을 때 이를 정확하게 알도록 낮지만 힘 있는 어조로 짧고 단호하게 이야기를 해 줍니다. "너 지금 나보고 돼지라고 했니? 사람을 동물에 비유해서 놀리는 것은 언어폭력이야."라고 말하는 거죠. 처음에는 어렵겠지만, 지속적으로 연습해 보세요.

그리고 사소하게 계속 부딪치고 갈등이 지속된다면 선생님과 부모님께도 상황을 정확하게 말씀드립니다. 그리고 잠시 떨어져 거리 두기를 하는 것도 방법입니다. "너랑 안 놀아!"라고 상처받게 말하기보다는, "나 생각할 시간이 필요해. 이제 그만 놀고 싶어."라고 말하고 놀이를 멈춥니다. 거리 두기를 하면서 격해진 감정을 가라앉히고 행동을 돌아보는 시간을 가져 보도록 하는 겁니다. 그러면 상대편 친구도 자신의 행동을 객관화할 수 있고 이후 좀 더 성숙한 모습으로 교우 관계를 형성해 나가려 노력하게 됩니다.

아이의 교우 관계에 보호자가 개입해야 할 때

한 걸음 물러서서 지켜봤지만, 상황이 나아지지 않는다는 생각이 드시나요? 아이가 교우 관계로 어려워해서 보호자가 개입해야 한다는 생각이 들 때는 어떻게 해야 할까요? 그럴 때는 다음과 같이 대처해 보세요.

Step 1 냉정해지기

학부모님 중에서 학교에서 친구 문제로 아이가 힘들어하는 모습을 보고 아이보다 더 감정적으로 대처하는 경우가 있습니다. 학교에 무작정 찾아와서 교사에게 항의를 한다든지, 아이를 직접 만나려 한다든지, 상대측 학부모와 담판을 지으려 한다든지 하는 행동은 현명하지 않습니다. 그런 때일수록 마음을 가라앉히고 냉정하게 대해야 합니다. 긴 호흡을 하며 뛰는 가슴을 가라앉히고 최대한 이성적인 태도를 유지해야 합니다.

Step 2 자녀와 대화 시도하기

마음이 안정되었다면 자녀에게 어떤 어려움이 있는지, 어떤 일이 있었는지를 파악해야 합니다. 이때 단발적인 성격인지, 지속적인 성격인지를 파악하는 것이 매우 중요합니다. 만약에 단발성의 일이었다면 담임선생님과 학교를 믿고 앞으로 계속 지켜보시고, 지속적인 일이라면 자녀의 말을 녹음을 하시거나 기록하여 사태를 정확하게 파악하세요. 자녀의 말을 들을 때는 심정이나 감정을 말하는 부분은 걸러 들으시고, 육하원칙(언제, 어디서, 누가, 무엇을, 어떻게, 왜)에 의거하여 사실관계만 파악해야 합니다.

Step 3 담임선생님과 상담하기

아이가 교우 관계에서 지속적이거나 심각한 어려움을 겪는다고 판단될 경우, 담임선생님과 상담해야 합니다. 이런 경우는 전화 상담보다는 대면 상담을 하는 것이 효과적입니다. 선생님도 학부모님의 말씀에 더 집중할 수 있고 서로 소통하는 부분에서도 오해가 없이 의사가 전달될 수 있기 때문입니다. 이때 담임선생님이 이 문제를 해결하기 위해 어떤 노력을 해 왔는지 들을 수 있고, 학부모님이 원하는 바를 이야기하셔서도 됩니다.

Step 4 자녀와 해결책 토의하기

담임선생님과 상담을 진행했다면 자녀와 다시 대화를 해 보시기 바랍니다. 선생님께 들은 조언과 의견을 아이에게 전달해 주세요. 그리고 앞으로 어떻게 행동하면 좋을지 아이와 함께 의논해 보아야 합니다. 자신의 행동에서 반성할 부분은 없었는지, 친구의 잘못된 행동에 어떻게 대처해야 하는지 부모님과 선생님의 의견, 아이의 의견을 종합하여 이야기해 보시면 아이도 좋은 방법을 스스로 찾을 수 있는 기회가 될 것입니다.

Step 5 교내 상담기구 활용하기

대부분의 학교에는 상담실이 있고 상담 선생님이 상주하고 있습니다. 학급에서 교우 관계의 어려움이 해결되지 않는다면 전문 상담 선생님의 도움을 받으면 됩니다. 학생과 학부모님이 원한다면 수업 시간에 상담실에서 별도로 상담을 진행할 수도 있고, 방과 후에 만날 수도 있습니다. 상담 선생님은 학생과의 상담 후 학생의 생활에 도움이 될 수 있도록 담임선생님과 만나 해결 방안을 적극적으로 논의하는 방식으로 도움을 줄 수 있습니다.

학교 폭력이 있다면 어떻게 해야 할까요?

1학년에서의 학교 폭력은 심각한 사안으로 번질만한 수위로는 잘 일어나지 않습니다. 하지만 '1학년 때야 애들 장난 수준이지.'라고 안심하고 미리 지도하지 않으면 고학년이 되었을 때 문제 행동이 두드러질 수 있습니다. 그러니 저학년 때부터 가정에서 분명하게 지도해 주셔야 합니다. 학교에서 아무리 노력해도 가정에서 함께 바로잡아 주지 않으면 학교 폭력 예방 효과가 떨어집니다. 이번 기회에 학교 폭력이 뭔지 정확히 짚어 보고 저학년 때부터 철저히 예방해 봅시다.

학교 폭력의 정의는 <학교 폭력 예방 및 대책에 관한 법률> 제2조 1항에 분명하게 명시되어 있습니다.

> 학교 폭력이란 학교 안팎에서 학생을 대상으로 발생한 상해, 폭행, 감금, 협박, 약취·유인, 명예훼손·모욕, 공갈, 강요·강제적인 심부름 및 성폭력, 따돌림, 사이버 따돌림, 정보통신망을 이용한 음란·폭력 정보 등에 의하여 신체·정신 또는 재산상의 피해를 수반하는 행위를 말한다.

이처럼 학교 폭력은 법률에 명시된 중대한 사안입니다. 최근 학교 폭력의 심각성이 더욱 확대되어 학교 폭력 가해자의 경우 퇴학, 전학 등의 조치와 상급 학교 진학에 있어서 감점이나 불이익을 받게 되어 있습니다. 앞으로는 이를 더 확대하여 적용한다고 합니다.

하지만 단순한 친구 사이의 다툼·감정 싸움과 학교 폭력은 분명하게 구분해야 합니다. 학교 현장에서는 단순한 다툼이고 담임선생님의 생활지도로 해결할 수 있는 부분임에도 불구하고 학교 폭력 사안으로 변모되어 '학교 폭력 전담 기구' 회의가 열리는 경우가 있습니다. 여기서도 해결이 되지 않아

각 교육지원청 '학교 폭력 대책심의위원회'가 열리기도 하고, 변호사를 선임하여 법적 다툼까지 하는 경우도 있습니다. 반대로 명백한 학교 폭력 사안임에도 불구하고 대응을 하지 않고 감내하거나 미온적인 태도로 대하면 피해자가 제대로 된 보호를 받지 못하는 경우도 있습니다. 그러므로 학교 폭력 및 처리 절차에 대해 학부모님과 아이들 모두 제대로 이해하고 있어야합니다.

과연 어떤 것이 학교 폭력일까?

학교 폭력에서 중점적으로 보아야 할 것은 일방성과 지속성입니다. 얼마나 한쪽에서 일방적으로, 그리고 지속적으로 해당 행위를 했는지가 중요합니다. 쌍방이 아니라 한쪽에서 신체적, 언어적, 사이버상에서, 성적인 폭력을 행사하는 경우입니다. 한 번이 아닌 여러 차례 지속되었다면 학교 폭력으로 볼 수 있습니다. 교사의 지도와 학부모의 인정 및 사과에도 불구하고 행동이 개선되지 않는다면 이것도 역시 학교 폭력 사안입니다.

가장 우선시해야 하는 것은 학생의 피해 정도를 살피는 것입니다. 학생이 극심한 스트레스와 불안감을 느끼고 등교를 거부하는 등의 내상을 보이거나, 긁힘, 상처, 멍 등 외상이 있는 경우 반드시 제대로 대처해야 합니다. 그 밖에 사이버상에서 따돌림을 당하거나 자신이 듣기 싫어하는 별명이나 욕을 상대방이 지속적으로 쓰는 경우, 계속되는 놀림이나 심부름, 협박, 감금, 명예훼손, 약취, 유인 등도 학교 폭력 사안입니다.

반면에 친구들끼리 노는 과정에서 발생한 단순한 말다툼, 의견 충돌, 오해, 서로 간의 인정과 화해로 해결이 가능한 문제는 학교 폭력이라 말하기 어렵습니다. 예를 들어 놀이 시간에 게임을 하다가 친구와 부딪혀 넘어져 우는 경우, 이것은 폭력이라고 할 수 없습니다. 축구 경기에서 공을 차지하기 위한 몸싸움을 폭력이라고 하지 않는 것과 같은 이치입니다. 상대방의 행동이

악의를 가지고 한 행동인지, 상식적으로 용인할 수 있는 범위 내의 의견 충돌이거나 또는 우연히 일어난 일인지 따져 보아야 합니다.

두 아이가 서로 자기가 옳다고 주장하다가 갈등이 일어났을 때, 우리 아이가 속상해한다고 해서 이를 학교 폭력으로 단정 지을 수는 없습니다. 상대편 아이도 친구와 동등한 입장과 처지에서 속상한 상황이라면 이는 일방적인 학교 폭력 피해일까요? 아니면 쌍방 간의 갈등으로 인한 교우 관계의 어려움일까요? 이를 명확하게 잘 구별해야 합니다. 가끔 쌍방의 갈등임에도 내 아이의 말만 듣고 일방적 피해인 것으로 오해하는 학부모들이 더러 있습니다. 상황을 면밀하게 파악하여 내 아이 편에서만 생각하지 말고 상대방의 편에서도 생각해 보는 자세가 필요합니다. 그렇지 않으면 아이들 싸움이 어른 싸움으로 번질 수 있습니다. 어른들의 시각으로 상대편 아이의 입장을 고려해 보고 다양한 관점으로 상황을 바라볼 수 있어야 합니다.

반면 내 아이가 다른 아이에게 명백한 학교 폭력을 가했다는 것을 알면서도 아이를 보호해야 한다는 이유만으로 잘못을 인정하지 않거나 발뺌하는 것도 아이 교육에 전혀 도움이 되지 않습니다. 만약 내 아이가 다른 친구를 괴롭혔다는 걸 알게 된다면 잘못을 인정하고 상대편 학부모에게 정중히 사과하며 이후의 절차를 원만하게 처리하려는 자세가 필요합니다. 어떤 규정들보다 가장 우선하는 것은 사람 간의 진심 어린 마음이고, 자신의 행동에 책임지는 자세를 가르치는 것도 중요한 교육입니다.

내 아이에게 학교 폭력 발생이 의심된다면?

내 아이가 학교 폭력을 당하고 괴로워하는 것 같다면 어떻게 해야 할까요? 너무 당황스럽고 어찌할 바를 모르시겠다고요? 일단 감정을 가라앉히고 차분하게 대처해 봅시다. 감정에 치우치지 말고 이성적으로 판단하고 대처하여 후회하지 않도록 잘 해결해야 합니다.

Step 1 **사실관계 확인**

가장 중요한 것은 사실관계를 확인하는 것입니다. 이때 주의해야 할 것은 아이의 말만 들어서는 안 된다는 점입니다. 아이들은 자기중심적인 면이 있어서 자신에게 일어난 일은 잘 말하지만, 자신이 한 행동은 잘 말하지 않습니다. 아이가 나빠서가 아니라 이 시기 아이들의 특징입니다.

따라서 한쪽 정보가 과장 또는 축소된 부분이 없는지 정확한 사실 확인을 위해 선생님과의 상담과 소통은 필수입니다. 담임선생님과 대화하여 아이에게 일어난 일의 순서, 원인과 결과 등을 확인하시기 바랍니다. 또 주변에 목격자가 있는지도 파악하여 제삼자의 객관적인 정보를 듣는 것도 중요합니다.

Step 2 **담임선생님과의 상담**

사실관계를 확인한 후에도 학교 폭력이 의심된다면 학교로 방문할 것을 권장합니다. 담임선생님과의 면담을 통해 다시 한번 정확한 내용을 파악하고 어떻게 대처하면 좋을지 상담합니다. 해당 사안이 학생과 학부모의 제대로 된 사과와 교사의 지도로 종결될 사항이라고 생각하면 담임선생님께 요청하여 사과와 재발 방지에 대한 약속을 받습니다. 반대로 상대편 학생이 잘못을 인정하지 않거나 재발할 가능성이 있는 사안이라면 '학교 폭력 전담 기구'를 열 것을 요청하면 됩니다.

Step 3 학교 폭력 전담 기구 회의 개최와 학교 폭력 대책심의위원회 개최

학부모는 필요에 따라 학교 폭력 전담 기구 회의를 열 것을 요청할 수 있습니다. 학교 폭력 전담 기구에서는 사안을 조사하고 잘못의 정도에 따라 학교장이 교내 봉사나 수업 배제 등 학교 자체적인 조치를 시행하고 사안을 종결할 수 있습니다. 하지만 이곳에서도 해결이 되지 않을 경우는 각 교육지원청의 학교 폭력 대책심의위원회로 사안이 넘어갑니다. 회의의 절차와 과정, 내용을 지켜보고 의견을 개진합니다.

학교 폭력 대처에 대한 절차와 규칙이 정해져 있다고 하더라도 각각의 사안마다 상황과 이유, 현실이 복잡하게 얽혀 있기 때문에 관련된 학생, 학부모, 교사가 충분히 대화하고 협조하는 자세가 무엇보다 필요합니다. 모든 절차가 끝나고 사안이 종결된 뒤, 우리 아이들에게는 어떤 상처나 교훈이 남을지에 대해서도 생각해 봅시다.

✦ '학교 폭력 전담 기구'와 '학교 폭력 대책심의위원회' ─────────

학교 폭력 전담 기구: 학교 폭력 전담 기구는 교감, 전문 상담 교사, 학교 폭력 담당 교사(생활부장 교사), 보건 교사, 학부모 등으로 구성한 전담 기구입니다.

학교 폭력이 발생했을 경우
1) 사안 접수 및 보호자에게 통보
2) 학교 폭력 사안 조사
3) 학교장 자체 해결 여부 심의의 업무를 담당

학교장 자체 해결 사안이 아닐 경우에는 각 소속 교육지원청의 '학교 폭력 대책심의위원회'로 넘어갑니다.

학교 폭력 대책심의위원회: 학교 폭력 사안 중 경미한 사안은 학교장 자체 해결로 종결될 수 있으나 중대한 사안이거나 경미하더라도 해당 학생이나 학부모가 학교장 자체 종결을 원하지 않을 경우, 학교는 교육지원청의 '학교 폭력 대책심의위원회'로 사안을 넘기게 됩니다. 이곳에서는 학교 폭력 전담 기구에서 조사한 사안을 확인하고 해당 학생, 담임교사, 책임교사 등을 면담하여 사전 조사하고 심의하여 그에 맞는 징계 조치를 내립니다. 학교의 장은 학교 폭력이 발생한 사실과 피해 학생에 대한 보호조치, 가해 학생에 대한 처분, 분쟁 조정에 따른 조치 및 그 결과를 교육감에게 보고합니다.

초등학교 입학 준비부터 입학 후 적응까지
따라오시느라 수고 많으셨습니다.
Q&A에서는 초등학교에서 맞닥뜨릴 수 있는 각종 문제들을
어떻게 현명하게 대처하는 게 좋을지 알려드리겠습니다.
초등 교사로서의 현장 경험과 두 남매를 초등학교에 보낸
학부모로서의 육아 노하우를 모두 집약하여
여러분들의 고민을 속 시원하게 해결해 드리겠습니다!

Q&A

속 시원한
학부모 상담소

❖ 아이가 학교에 가기 싫어해요 ❖

실제로 1학년 아이들 중에 등교 거부를 하는 학생들이 더러 있습니다. 제 경험으로는 한 반에 1~2명 정도 있었습니다. 아이들이 등교를 거부하는 원인은 다양합니다.

등교 거부는 주로 변화를 싫어하는 아이들에게서 나타납니다. 주말 동안 집에서 가족들과 함께 신나게 놀고 온 아이들의 경우, 월요일 아침에 등교를 거부합니다. 토~일요일에 부모님과 하루 종일 같이 놀면서 신나게 지냈던 시간에 익숙해져서 월요일에 다시 엄마 아빠와 떨어져 공부하러 가는 게 싫은 겁니다. 그래서 평소에는 학교를 잘 가던 아이가 주말이 지나고 나서 월요일이 되면 갑자기 학교에 가기 싫다고 울고불고하는 경우가 있습니다.

이럴 때는 주말 저녁 시간에 부모님께서 아이와 함께 학교 갈 준비를 같이하면서 미리 아이가 마음의 준비를 할 시간을 주세요. 자고 나면 주말이 끝나고, 월요일이 되면 다시 학교에 가야 한다는 것을 일요일 저녁부터 상기시켜 주세요. 아이가 주말 동안 부모님 옆에서 떨어지지 않고 함께 시간을 보냈는데 월요일이 되면 부모님과 떨어져 있는 시간이 또 생긴다는 것을, 그 변화를 갑작스럽게 맞닥뜨리지 않도록 해 주시면 됩니다.

아이들은 현재의 순간에 잘 몰입합니다. 주말에는 가족과의 시간에 충실해서 좋고, 막상 학교에 가면 새로운 일을 겪으며 즐거워하지요. 다만 그 패턴이 바뀌었을 때 변화에 대한 막연한 두려움을 일시적으로 표출하는 것입니다.

아이가 규칙과 규제가 많은 것을 싫어하는 성향일 때에도 등교 거부를 하는 경우가 있습니다. 이런 아이들은 대부분 에너지가 많고 평소 주도적인 성격으로 자신이 하고자 하는 대로 이끌어가는 것을 좋아합니다. 유치원보다 규칙이 많은 초등학교의 시스템이 익숙하지 않아서 거부감이 드는 것입니다. 이런 아이들은 1학년 초반에는 조금 고생하지만 그 시기가 지나서 학교에 잘 적응하고 나면 오히려 반 전체를 주도합니다. 학교는 규칙과 규제 안에서도 자유로움이 있는 곳이라는 것을 알게 됩니다. 그 후에는 규칙을 지키면서 스스로 주도할 수 있는 영역을 찾을 수 있습니다. 이렇게 학교생활에 잘 적응하게 되면 등교를 거부하지 않게 됩니다.

반면 기질이나 성향상 특별히 우려할 부분이 없고, 학교에 잘 다니던 아이가 갑자기 등교 거부를 할 수도 있습니다. 그럴 때는 학교에 가기 싫어진 사건이나 계기가 있었는지 아이에게 물어보아야 합니다. 부끄러웠던 일이 있어 학교에 가고 싶지 않거나, 다툰 친구와 만나고 싶지 않아서인지 등, 어떤 계기가 될 만한 상황이 있었는지 잘 듣고 대처하면 됩니다. 아이의 감정에 충분히 공감해 주고, 상황을 회피하거나 외면하기보다는 학교에 가서 해결하려고 하는 게 좋다고 알려 주세요.

부모님 혼자 해결하기 어려운 일이라면 선생님께 도움을 요청하는 것도 한 가지 방법입니다. 선생님도 아이가 등교를 거부하지 않고 학교생활에 잘 적응할 수 있도록 아이에게 맞는 해결책을 찾아 주실 겁니다.

✤ 스마트폰은 꼭 필요한가요? ✤

초등학교 입학을 하면서 아이에게 스마트폰을 사 주시는 이유가 무엇일까요? 대부분 '하교 후 연락 및 아이 위치 확인' 때문일 것입니다. 휴대폰으로 게임이나 영상을 많이 보여 주려고 사 주시는 경우는 없습니다.

그런데 막상 아이가 스마트폰을 갖게 되면 영상도 접하게 되고, 친구와 문자도 주고받게 되면서 이런저런 걱정거리가 생겨나기 시작합니다. 아이가 영상에 지나치게 빠진다든지, 게임을 너무 많이 하게 된다든지, 친구와 문자를 주고받으면서 오해가 생기거나 서로에게 상처가 되는 말을 주고받게 되는 등의 새로운 문제가 생기는 것이지요.

이런 문제들이 일어날 수 있음을 충분히 생각하고 미리 철저하게 대비해야 합니다. 가능하면 키즈폰처럼 부모님과 통화 및 위치 확인 이외의 기능은 차단하도록 설정하는 것이 좋습니다. 그리고 아이가 집에 오면 휴대폰을 정해진 위치에 넣어 놓고 영상이나 게임 등을 하지 않을 수 있도록(휴대폰이 잠을 자는 주머니를 만드는 등) 약속을 정하는 것입니다.

스마트폰을 사용하는 아이들이 많다 보니 우리 아이만 안 사 줄 수 없다는 생각이 들기도 합니다. 하지만 굳이 필요하지 않은 상황이라면 스마트폰을 사 주지 않아도 됩니다. 다만, 스마트폰을 꼭 사

주어야 하는 상황이라면, 주요 기능을 알려 주고 사용 시간을 조절
할 수 있도록 아이와 학부모님이 반드시 상의해야 합니다.

❖ 학교 폭력이 있을까 봐 너무 걱정돼요 ❖

많은 학부모님들의 아이를 학교에 보내면서 가장 크게 걱정하는 부분이 바로 학교 폭력일 것입니다. 내 아이가 학교 폭력을 당한다면 그야말로 가슴이 찢어지겠지요. 반대로 내 아이가 다른 친구에게 학교 폭력을 행사한다는 이야기를 듣는다면 가슴이 철렁 내려앉을 것입니다.

만약 아이가 친구에게 괴롭힘을 당했다는 이야기를 들으면 자세한 상황을 물어보세요. 그리고 정확히 어떻게 된 일인지 선생님과 상담하세요. 아이가 집에서 이야기한 내용과 담임선생님께서 파악하신 내용이 서로 다른 경우도 꽤 많습니다. 1학년 아이들의 경우 아직 상황을 있는 그대로 표현하는 것에 어려움을 느낄 수 있기 때문입니다. 집에서 아이가 하는 말만 믿고 우리 아이가 학교 폭력을 당했다고 생각했는데 막상 상황을 알아보니 학교 폭력이 아닐 수도 있습니다. 반대로 명백한 학교 폭력이라면 담임선생님께서 면밀하게 상황을 파악하고 아이를 폭력으로부터 보호할 수 있도록 대책을 마련해 주실 것입니다. 학교 폭력에 대한 자세한 내용은 5장에 설명한 내용을 참고해 주세요.

선생님께 말씀드리지 않고 혼자 끙끙 앓는 것은 객관적인 상황 파악이나 해결로부터 멀어지는 길입니다. 그러니 반드시 담임선생님과 상의해야 합니다. 담임선생님을 거치지 않고 무작정 해당 아이나 그 아이의 보호자에게 연락을 취하거나 찾아가는 경우도 지양해야 합니다. 학교에서 일어난 일이므로 담임선생님께서 객관적으로 판단하고 중재하며 해결하려 한다는 것을 잊지 마세요.

✤ 학원과 사교육, 얼마나 해야 해요? ✤

남들이 다 시키는 사교육을 우리 아이만 시키지 않으면 학교에서 뒤처질까 봐 걱정되는 부모님의 마음은 이해합니다. 대세는 코딩이라느니, 혹은 문해력을 기르려면 한자 학습지나 독서 논술 학원에 보내야 한다느니 하는 이야기에 마음이 불안해지는 것도 이해합니다. 하지만 사교육은 필수가 아닌 선택에 의한 교육이기 때문에 아이의 성향에 잘 맞는지 알아보는 것이 가장 중요합니다. 남들이 다 보낸다는 학원에 보냈는데 아이가 딱히 배우는 것도 없이 멍하게 있다 오면 학원비만 낭비하는 일이 되지 않을까요?

특히 부모님이 모두 직장에 나가는 경우, 돌봄 교실에 추첨이 되지 않거나 오후에 아이를 봐주실 분이 없다면 대부분 학원을 보내서 아이가 오후 시간에 혼자 있지 않게 하려는 학부모님이 많습니다. 집에 부모님이 계시는 경우에도 1학년 아이들은 하교 시간이 빠르기 때문에 오후에는 학원에 보내야 한다고 생각하시는 경우도 많습니다. 그래서인지 요즘은 피아노 학원이나 태권도 학원 하나 정도는 기본으로 보낸다는 이야기를 듣게 됩니다.

하교 후 시간을 보내는 방법은 다양합니다. 가장 중요한 건 아이가 그 학원을 원하느냐, 학원을 보내는 게 아이와 학부모 모두에게 부담이 없느냐 하는 점이겠지요?

특히 초등학교 1학년부터 지나치게 학습량이 많은 학원을 보내는 건 다시 한번 생각해 보셨으면 합니다. 학교에서도 5교시 내내 열심히 공부하고 왔는데, 학원에 가서 또 공부라니요. 아이가 공부에 질리지 않을까요? 학습량은 고학년으로 갈수록 서서히 늘어나는 것이 자연스럽습니다. 아이들도 성장함에 따라 집중력과 학습력이 좋아지기 때문에 늘어난 학습량도 부담 없이 해결할 수 있는 능력이 생기지요. 또 문제를 풀고 고득점을 목표로 하는 필기형 학습 문제를 1학년 때부터 지나치게 자주 접할 필요는 없습니다. 문제를 잘 푸는 기술은 고학년에 가서 충분히 따라잡을 수 있으니 미리 연습시켜야 하는 것은 아닌지 걱정하지 않으셔도 됩니다.

오히려 꾸준히 책을 읽어서 문해력이 좋고, 문화 체험이나 여행을 자주 다녀서 경험이 풍부한 아이들이 고학년이 되어서도 자신의 경험과 해박한 지식을 서로 연결시켜 교과 학습 내용을 쉽게 흡수하기 때문에 학업 성취도가 높은 경향이 있습니다. 1학년 때는 음악, 미술, 체육 등 예체능 위주의 학원을 가볍게 다니면서 감성과 체력을 기르고, 평소 책을 꾸준히 읽으며 독서를 습관화하면서, 여행이나 체험 활동 등을 하는 데에 방점을 두는 것이 더 좋다고 생각합니다.

✤ 아이가 산만하고 가만히 있질 않아요 ✤

이제 막 1학년이 된 아이가 의젓하게 자리에 앉아 오랜 시간 집중할 수 있을까요? 40분 내내 집중하는 건 어른에게도 쉽지 않습니다. 담임선생님도 그 정도는 충분히 감안하고 수업을 진행합니다.

하지만 아이가 다른 또래에 비해 유독 산만하고 집중력이 부족해 걱정된다면 담임선생님과 상담을 해 보세요. 담임선생님께서 관찰해 보셨을 때 집중력 저하가 의심되니 주의력 검사를 권하신다면 검사를 꼭 받아 보세요. 담임선생님은 내 아이만 보는 게 아니라 30명 가까운 또래 아이들을 함께 관찰하기 때문에 객관적인 시선을 가지고 있습니다. 따라서 담임선생님의 검사 권유는 흘려듣고 지나칠 부분이 아닙니다.

지금은 ADHD, 틱 등이나 다른 소아정신과 질환에 대해서도 많이 알려져 있고, 검사를 하는 것이 부끄럽거나 숨길 일이 아닙니다. 오히려 빨리 발견할수록 아이에게 실질적인 도움을 줄 수 있습니다. 검사를 해서 특정 질환이 아니라면 습관을 고쳐 주면 됩니다. 만약 질환이 맞다고 하면 실질적인 방안을 마련하여 아이를 도와주어야 합니다. 아이의 문제 행동을 알고도 걱정만 한다면 마음이 조급해져 아이를 재우치게 됩니다. 근본적인 문제가 해결되지 않으면 아이의 자존감만 더 낮아지게 됩니다. 아이는 안 그래도 자기 뜻대로 되지 않아 힘든데 계속 혼나기만 하니 좌절감만 더 쌓이게 되는 것입니다.

전문 의료 기관의 도움을 받아 치료하는 것을 어렵게 생각하지 마세요. 내 아이가 특별하다면, 특별한 도움을 받아야 합니다. 그리고 학교에도 검사 결과를 공유해 주세요. 문제아로 낙인찍힐까 봐 겁먹지 않으셔도 됩니다. 가정, 학교, 전문 기관은 아이가 원활하게 생활할 수 있도록 협조해야 합니다. 그게 가장 중요한 대책입니다. 그러려면 무엇보다도 부모님의 열린 마음, 상황을 인정하는 마음 자세가 필요합니다. 담임선생님께서 조심스럽게 권하시는 의견을 절대 흘려듣지 마세요.

✤ 영어 공부는 일찍부터 시작해도 될까요? ✤

영어 조기 교육은 오랫동안 논란이 많았습니다. 저도 아이를 낳기 전에는 영어 교육에 열성적인 학부모님들을 보면서 고민이 많았습니다. 하지만 저 역시 한 사람의 학부모로서 어릴 때부터 아이를 영어에 노출시키고 싶은 부모의 마음을 이해하게 되었습니다. 영어는 '언어'이기 때문입니다.

언어는 학습뿐만 아니라 습득의 영역이기도 합니다. 그리고 이런 언어의 습득은 어릴 때부터 노출되는 언어 환경의 영향을 받습니다. 언어학자인 촘스키는 언어습득장치(Language Acqisition Device, LAD)라고 하여, 인간은 태어날 때부터 언어를 습득하는 선천적인 장치가 있고 이 때문에 일반적인 아이들이 어렸을 때 별 어려움 없이 말을 배운다고 했습니다. 그리고 이 장치는 어릴 때 노출되는 언어 환경의 영향으로 한쪽으로 확대 또는 축소되기 때문에 어릴 때 어떤 언어에 어떻게 노출되느냐에 따라 다른 결과를 보인다고 하였습니다.

이를 바탕으로 제 개인적인 의견을 물으신다면, 저는 영어 '공부'를 군이 일찍부터 시킬 필요는 없지만, 영어 '노출'은 어릴 때부터 해도 좋다고 생각합니다. 어릴 때 충분히 발현되는 언어습득장치를 활용하여 영어를 친숙하게 느끼게 하기 위함입니다. 영어 동요를 들려 주거나 영어책을 읽어 주는 CD를 틀어 주기도 하고 부모님께서 잠자기 전 그림 영어책을 읽어 주는 것도 좋습니다(발음은 좀 안 좋을지라도 부모님이 읽어 주시는 걸 추천해 드립니다. 부모님 품에서 언어를 친숙하게 받아들이는 게 좋지요!). 5세 정도 되면 짧고 간단한 영어 애니메이션을 시청하며 상황별 영어를 재미있게 습득하는 기회를 주는 것도 좋습니다.

하지만 이는 어디까지나 즐거운 영어 환경에 노출하는 것일 뿐 공부가 아닙니다. 실질적인 영어 공부는 학교에 들어가서 해도 늦지 않습니다. 이미 즐겁게 영어를 배우는 환경에 노출된 아이들은 이후 학교 영어 시간에 이루어지는 학습 역시 그리 어렵지 않게 해낼 수 있습니다.

그리고 궁극적으로 영어 학습보다 중요한 것은 실제 영어 사용 능력입니다. 학교를 졸업하고 사회에 진출했을 때 영어를 자유자재로 사용하고 영어 능력을 활용하여 자신의 재능을 펼칠 수 있는 상황이 되는 것이 중요합니다. 그러기 위해서는 영어 역시 한국어와 같은 언어라는 일련의 특성이 있음을 미리 알고, 어릴 때 영어를 살짝 노출시켜 주는 것이 좋습니다. 글로벌 시대에 살고 있는 만큼 아이들이 영어를 접하고 쓸 일이 많아졌습니다. 이제는 길거리의 간판만 봐도 영어가 많이 보이는 시대입니다. 따라서 영어를 자연스럽게 노출시켜 주는 것은 아이의 영어 능력 신장에 확실히 도움이 됩니다.

❖ 온라인 수업은 어떻게 진행되나요? ❖

이제 코로나가 끝나가는 분위기라 다시 대면 수업이 활성화되고 있습니다. 하지만 또 어떤 감염병으로 인해 원격 수업을 하게 될지는 알 수 없습니다. 또 각 학교 상황과 기기 보급 상태에 따라 온라인 수업의 형태가 다를 수 있으니 학교 측 안내를 꼼꼼히 확인하세요.

1학년은 온라인 수업 전환 시 주로 EBS 방송이나 인터넷 강의 등을 통해 공부할 내용을 영상으로 시청하고 학습꾸러미를 해결하는 방식으로 진행됩니다. 1학년 아이들은 아직 스마트기기로 학습을 하는 것이 익숙하지 않아서 실시간 쌍방향 온라인 수업(줌과 같은 화상회의 형식으로 실시간 수업하는 형태)으로 참여하기는 어려우리라 판단하고 있습니다.

하지만 앞으로 어떻게 될지 모르는 상황을 대비하기 위해, 아이와 틈날 때 간단하게 여러 가지 디지털 기기 조작법을 알려 주시는 것은 권장합니다. 특히 요즘 아이들은 스마트폰으로 터치하여 앱을 실행시키는 것은 잘하지만 PC를 조작하는 것은 상당히 어려워합니다. 1학년 아이들과 창체 시간에 컴퓨터 활용 교육을 하게 되면 컴퓨터 전원 켜는 법도 모르고 전원 버튼이 어디 있는지 몰라 헤매는 경우가 의외로 많습니다. 키보드도 처음 사용해 보는 아이들이 꽤 있으니 1학년 아이들과 원격 수업을 하며 온라인 채팅을 하는 것은 꿈도 못 꿀 일이겠지요? (앞으로는 기술이 더 발전하여 PC 조작이나 키보드

작업을 못하더라도 온라인 소통에 문제가 없도록 디지털 기기 사양이 더 좋아지는 시대가 올 수도 있겠지만 말이죠.)

어쨌든 디지털 기기 켜는 법, 키보드를 능숙하게 조작하는 연습, 지식이나 정보를 검색하는 법, 원하는 사진이나 문서를 출력하고 전송하거나 업로드하는 법 등의 기본적인 기기 조작법을 알려 주면 다시 원격 수업으로 전환되었을 때 아이가 빠르게 적응하는 데 도움이 될 것입니다.

✢ 워킹맘인데 직장을 그만두어야 하나요? ✢

아이가 초등학교 1학년에 입학하면 본격적으로 뒷바라지를 해야 할지 고민하게 되지요? 아무래도 시간이나 체력적으로나 직장을 그만두고 아이를 챙겨야 할 것 같은 생각이 들 수 있습니다. 일을 하면 가족에게 미안하고, 직장을 그만두고 아이만 챙기려고 해도 아쉬움은 남습니다. 어떤 선택을 해도 만족할 수 없습니다. 그러니 가장 아쉬움이 덜 남을 만한 선택을 해야겠지요. 그리고 그 선택에 대한 후회 없이 지금 할 수 있는 일에 집중하는 모습이 필요합니다. 솔직히 말해서 직장맘이라고 아이를 덜 챙기는 것도 아니고, 반대로 전업맘이라고 똑 부러지게 잘 챙겨 주는 것도 아니었습니다. 직장에 다니고 안 다니는 것이 1학년에 입학한 아이를 챙겨 주는 데 결정적 요인은 아니더군요. 그보다는 평소 학교 교육 활동에 귀를 잘 기울이고 있는지 아닌지가 더 중요한 요인입니다. 다만 전업맘이 시간과 체력에서 좀 더 유리한 건 사실이므로 아이의 특성과 가정 상황에 맞게, 그리고 학부모님의 성향과 상황에 맞게 선택하고, 선택한 상황에 적응하시면 됩니다.

요즘은 스마트폰 알림장 애플리케이션을 사용하여 대부분의 담임선생님들께서 아이들이 하교한 뒤 오후에 알림장을 전송합니다. 따라서 학부모님들은 직장에 있는 동안 스마트폰으로 확인할 수 있고 퇴근길에 필요한 준비물을 살 수도 있습니다. 그러니 학부모들은 직장에 다니더라도 얼마든지 아이를 잘 챙길 수 있습니다. 가정통신문도 전자 문서를 첨부하기 때문에 스마트폰이나 컴퓨터로 미리 내용을 확인할 수 있습니다. 1학년 때만큼은 이렇게 학교에서 안내하는 모든 내용을 최대한 꼼꼼하게 확인해야 합니다. 지금 1년만 노력하면 2학년부터는 학교 일정의 흐름이 어느 정도 보이기 때문에 한결 편해집니다. 가정통신문 제목만 봐도 어떤 내용일지 감이 옵니다. 지금은 처음 학부모가 되어 적응하는 기간이므로 신경 쓸 것이 많습니다. 안내 사항을 꼼꼼히 읽어 보고 내용을 숙지하세요.

아이는 부모의 뒷모습을 보고 자란다는 말이 있습니다. 부모가 자신의 자리에서 최선을 다하고 아이에게 필요한 부분이 있다면 챙겨 주면서 동시에 아이를 믿어 주면 됩니다. 그러면 그런 모습을 본 아이 역시 바르게 크고 학교에서도 멋진 아이로 성장합니다. 그 장소가 집이든 일터이든, 삶을 열정적으로 대하고 아이를 도와주면서 동시에 믿어 주는 태도는 내 아이의 안정된 학교생활을 이끌어가는 밑바탕이 됩니다. 그러니 어느 자리에 계시든 힘들더라도 아이를 위해 노력해 주세요!

❖ 용돈을 주어야 할까요? ❖

다른 아이들이 학교 끝나고 교문 앞에서 친구들과 맛있는 간식을 나눠 먹는 모습을 본 아이는 부모님께 용돈을 달라고 합니다. 학교 앞 분식집에 선불로 충전해 놓고 조금씩 쓰면서 먹거리를 즐기는 친구들도 있고, 요즘은 하교 후 충전식 카드(체크카드)를 사용해서 편의점 간식을 즐기는 아이들도 있습니다. 1학년 아이들이 스스로 용돈을 받아서 사용하고 관리하는 것은 각자 가정에서 아이의 상황과 사정에 맞게 하시면 됩니다만, 아이에게 용돈을 주면 생기게 되는 돌발 상황에도 잘 대처하셔야 합니다.

아이들은 누가 용돈을 갖고 다니는지 바로 알아챕니다. 그 친구와 같이 다니면서 옆에서 슬그머니 얻어먹기도 합니다. 그러다 내것도 사달라고 하면서 아이가 원치 않는 과한 소비를 하게 되는 경우도 생깁니다. 이게 지속적으로 누적되면 학교 폭력의 범주에도 들어갈 수 있습니다.

꼭 필요한 상황이 아니라면 1학년 때부터 용돈을 주지 않아도 됩니다. 어쩔 수 없이 용돈을 주어야 하는 상황이라면, 필요 이상으로 소비하지 말고 합리적으로 소비할 수 있도록 아이에게 용돈 사용 교육을 잘해 주세요. 간식은 매일 2개 이하만 사 먹기로 하거나, 하루에 1,000원 이하로만 소비하는 등의 약속을 정하는 것도 좋습니다. 용돈을 어떻게 썼는지, 오늘의 소비는 합리적이었는지, 어떤 친구와 함께 있었는지 등을 틈틈이 이야기 나누는 시간도 필요합니다. 아이가 자신의 소비를 돌아볼 수 있도록 매일 소비한 내용을 용돈 기록장에 정리해 보게 하는 것도 좋은 방법입니다.

❖ 개별 체험 학습을 사용하고 싶어요 ❖

방학이 아니지만 삼촌이나 이모 결혼식과 같은 가족 행사가 있거나, 휴가를 받아 가족 여행이나 견학을 가게 되었다면, 최대 30일 이내에서 학교에 개별 체험 학습(교외 체험 학습)을 허가받고 갈 수 있습니다. 이날은 학교에 출석하지 않았지만 아이가 학교 밖에서 체험 학습을 하였으니 출석을 인정받을 수 있는 결석이라는 뜻입니다. 출석을 인정받아야 하는 만큼 아이가 밖에서 공부를 잘 하고 왔다는 증명이 필요하겠지요? 그래서 관련 서류를 꼭 작성하여 제출하고 미리 학교장의 승인을 받아야만 출석으로 인정됩니다.

먼저 행사에 가기 전 체험 학습 신청서를 냅니다. 신청서는 일정이 있는 날의 2일 전까지 담임선생님께 제출하는 것이 원칙입니다. 체험 학습을 하는 날짜(토, 일요일은 제외)와 체험 학습의 형태(가족 행사 참석, 체험 활동 등)를 체크하고 그날 아이가 어떤 학습을 할 예정인지 간단히 적습니다.

갔다 오고 난 뒤에는 10일 이내에 보고서를 제출하는 것이 원칙이지만, 갔다 온 직후에 바로 보고서를 작성하여 내는 것을 추천합니다. 그래야 체험 학습에 대한 기억이 생생하기 때문에 보고서 작성이 훨씬 쉽습니다. 보고서에는 아이가 그곳에서 보고, 듣고, 경험한 일을 글로 적고 사진을 부착합니다. 아이가 직접 글을 써서 작성하는 것이 원칙이지만, 아직 아이가 한글 쓰기 능력이 부족하다면 그림으로 그려 표현해도 좋고 간단한 문장 쓰기 정도는 부모님께서 도와주어도 괜찮습니다.

다만, 아래와 같이 표로 정리한 상황은 교외 체험 학습을 신청하지 않고 결석 신고서와 증빙 서류만 제출하면 출석으로 인정받을 수 있습니다.

교외 체험 학습 없이도 '출석 인정 결석' 처리되는 경우

단, 이 경우 결석신고서 및 증빙서류(청첩장, 사망진단서, 가족관계증명서, 확인서 등)를 제출해야 합니다.

구분	대상	일수
결혼	형제, 자매, 부, 모	1
입양	학생 본인	20
사망	부모, 조부모, 외조부모	5
	증조부모, 외증조부모 형제·자매 및 그의 배우자	3
	부모의 형제·자매 및 그의 배우자	1

교외 체험 학습 신청서 예시

<일반적인 사유의 교외체험학습 신청서>

교외체험학습 신청서

결재	담임	부장	교감

성 명	신	학년 반	**4**학년 반 번

기 간	20**22**년 **12**월 **16**일 ~ **12**월 **16**일 (수업일수: **1** 일)
	·일반적인 사유의 교외체험학습의 경우 30일까지만 '출석인정결석'으로 허용

학습형태	·가족 여행( ) ·경·조사 참석( ) ·친·인척 방문(**0**) ·견학 활동( ) ·체험 활동( ) ·기타( )

목적지	테디베어뮤지엄

보호자	성명		관계	모	휴대폰	
인솔자	성명		관계	고모부	휴대폰	

교외체험 학습계획 및 내용	일정	장소 (시·도명 등 구체적인 장소)	체험학습 내용	비고
	12.16	테디베어뮤지엄	박물관관람, 인형체험	

위와 같이 『교외체험학습』을 신청합니다. 체험학습 기간 동안 수업결손 및 학생의 본분에 어긋난 행동을 하였을 때에는 학교규칙에 따라 학생에게 불이익이 있음을 잘 알고 있으며 체험학습기간이 종료되면 즉시 학교로 복귀함은 물론, 체험학습 보고서를 제출하겠습니다. 그리고 체험학습 기간 동안 발생한 모든 사안에 대해 학부모와 학생이 전적으로 책임을 서야 한다는 것을 확인합니다.

20 **22**년 **12**월 **14**일

학 생 : (인)
보호자 :
(보호자 미 동행 시) 인솔자 : (인)

초등학교장 귀하

※ 신청서 제출기간: 체험학습 실시 2일전까지(토·일 및 공휴일 제외)
※ 보고서 제출기간: 체험학습 후 10일 이내(토·일 및 공휴일 제외)
※ 보호자가 신청서를 제출하였다하여 교외체험학습이 허가된 것이 아니며 담임교사로부터 반드시 최종 허가 여부 승인서 또는 승인 통보를 받은 후 실시해야 함

교외체험학습 보고서

※ 보고서 제출기간: 체험학습 후 30일 이내(토 일 및 공휴일 제외)

성 명	신	학년 반	4 학년 반 번
기 간	2022 년 12월 16일 ~ 12월 16일 (1)일간		
학습형태	∘가족 여행( ) ∘경·조사 참석( ) ∘친·인적 방문(○) ∘견학 활동( ) ∘체험 활동( ) ∘기타( )		
목적지 및 동반자	목적지	테디베어박물관	
	동반자	고모부, 고종사촌	

체험학습 내용

테디베어 박물관에서 귀여운 곰돌이들이 유럽의 역사 현재를
하는 것을 보았다. 그리고 여러 모양의 큰 인형을 보면서 구경을
따라하기도 ...... 하며, 나만의 곰돌이 인형 ...

기념으로 ...... 있다.

곰돌이들이 유럽의 역사를 따라하는 모습을 표현을
여러 감정의 ...... 인형을 ...... 이었으니

사물 느낌을 우리 ...... 만났느냐 ......
...... 곰들이 곡들을 ...... 것을 보면서
...... 체험 했다 ......

○ 일정별로 본 것, 들은 것, 경험한 것, 느낀 것을 구체적으로 씁니다.
○ 보고서는 활동 장소, 일시마다 여러 장을 작성할 수 있습니다.
○ 지면이 부족하면 뒷면에 이어서 또는 A4 용지 등을 추가하여 작성 부탁드립니다.

위와 같이 교외체험학습 결과 보고서를 제출합니다.

2022년 12월 19일

학 생: 신 (인)

보호자: 공혜정 (인)

▆▆ 초등학교장 귀하

❖ 전학을 가게 되었어요 ❖

어려워하지 않으셔도 됩니다. 일반적인 전학은 다음과 같은 단계로 이루어집니다.

1) 현재 담임선생님께 전학 갈 예정이라고 미리 이야기해 주세요(이사 날짜가 잡히기 전이더라도 계획이 있으면 미리 이야기해 주시는 게 좋아요.).
2) 이사를 가고 동주민센터에 가서 전입신고를 하세요.
3) 자녀가 있으니 취학통지서를 발급해 달라고 하세요.(동주민센터)
4) 새로 전학하게 되는 학교(전입 학교) 교무실에 미리 전화해서 전학 예정임을 알리고 교무실 방문 약속 시간을 잡으세요.
5) 전입 학교 교무실로 찾아가 취학통지서를 제출하고 전입 학원서를 작성 후 반 배정을 받으세요.

학년말 수료 후 다음 학년에 올라가기 전에 전학을 가게 되는 경우도 마찬가지로 위와 같은 절차대로 하시면 됩니다. 다만 이렇게 학년말 수료 후 겨울방학 중에 전학을 가게 되는 경우는 전출 학교 담임선생님께는 물론이고 전입 학교 교무실 측에도 가급적 빨리 전학 사실을 알려야 서류 처리가 원활합니다. 또한 전학 후 학교생활에 대해서도 정확한 안내를 받을 수가 있어서 미리 알고 대비할 수 있습니다.

만약 7살 때 유치원 수료 후 초등학교에 입학하기 전 겨울에 이사를 한 경우에도 11월에 취학통지서를 통해 처음 배정받았던 초등학교가 아닌, 전입신고 후 재배정되는 학교로 입학을 해야 하니 위와 같은 절차로 취학통지서를 새로 발급 받고 순서대로 진행해야 합니다. 이 경우 처음에 배정받았던 초등학교에도 다시 전화해서 전학(전출)을 가게 되었다고 미리 말해 두세요. 그래야 그 학교에서도 입학식 날 오지 않았을 때 혼선이 생기지 않습니다.

전입생 반 배정의 비밀

학년말 수료 후 다음 학년에 올라가기 전에 전학을 가게 된 경우에는 학년 말 방학 때 미리 대비하지 않고 3월 2일에 전입하는 건 별로 추천하지 않습니다. 그저 인원수 적은 반에 순서대로 배정이 되고 출석 번호 역시 (가나다 순이 아닌) 맨 끝 번호를 부여받기 때문이지요. 아이와 가족 모두 전학 때문에 걱정도 되고 긴장도 되지만, 학기 초 행정이 바쁘게 돌아가는 학교에서는 전입학 처리 규정에 따라 눈 깜짝할 사이에 일사천리로 전학 절차가 이루어지기 때문에 허무하고 섭섭한 마음이 들 수도 있습니다.

이럴 경우를 대비해 1~2월부터 사전에 전입할 학교 교무실에 전화해서 전입하게 될 예정이니 미리 반 배정을 받고 준비를 하고 싶은데 어떻게 하면 되는지 물어보는 게 좋습니다.

대부분의 학교는 2월 초~중순이면 반 편성 작업을 마무리합니다. 이때 전출 갈 학생, 전입해 올 학생도 함께 고려하여 반 배정을 해 두게 됩니다. 만약 전입해 올 학생이 많을 것으로 예상되는 학교에서는 교실당 학생 수가 과밀되는 것을 막기 위해 교육청에 미리 보고를 하고 학급 수와 선생님의 수를 늘리기도 합니다. 교육청에서 선생님들을 추가로 인사 발령을 내 줄 수도 있습니다. 입학할 학생 수를 미리 수요 조사를 한 후, 몇 반까지 편성할지 결정하고 그에 따라 선생님을 배정합니다(예를 들어 이번 신입생이 130명이 될 예정이니 한 반당 26명씩 5반을 배정해야겠다고 계획을 세우는 겁니다.). 그런데 갑자기 2월 말에서 3월 초 즈음에 다수 학생들이 추가로 입학하게 되면 이미 교실도 확정되었고 교사 배치 작업도 끝났기 때문에 한 반당 28명, 29명이 되어 버려도 웬만하면 다른 조치를 하기 어렵습니다. 과밀학급이 되어 버리는 것이죠. 따라서 전입학 계획이 있다면 전출 학교와 전입 학교에 1월쯤, 늦어도 2월 초에는 미리 교무실에 전화해서 언급이라도 해 놔야 학교 측에서도 반 편성 계획을 효율적으로 세울 수 있습니다.

✤ 학부모들과의 관계가 힘들어요 ✤

아이를 처음 학교에 보내고 난 뒤 비슷한 처지의 학부모들과 육아의 고충을 나누면 한결 안심이 됩니다. 마음 맞는 사람을 만나 가까워지면 아이들끼리도 자연스럽게 친해질 기회가 생기니 아이에게 친구를 만들어 주는 효과도 있습니다. 아이 준비물은 어떻게 챙기는지, 학교는 요즘 어떻게 돌아가는지, 근처 학원은 어디가 괜찮은지 등등 유용한 정보도 알게 되어 좋습니다. 그래서인지 학부모들끼리 얼굴을 트고 친분을 쌓으려 노력하게 되지요. 하지만 이 친분관계에는 역기능도 있습니다. 별로 듣고 싶지 않았던 학교와 담임선생님의 험담을 듣게 되기도 하고, 검증되지 않은 '카더라' 정보에 흔들리기도 합니다. 다른 엄마가 무심코 내 아이에 대해 툭 던진 말이 상처가 되어 집에 와서도 자꾸 생각나고 기분이 영 안 좋을 때도 있습니다. 별거 아니라고 외면하고 싶어도 괜히 속상하고 불안해집니다. 학부모들과의 관계, 정말 어떻게 해야 할까요?

저는 친분을 쌓는 나름의 기준이 있습니다. 일단 부정적인 말보다 긍정적인 말을 많이 하는 엄마를 사귑니다. 긍정의 힘으로 아이를 키워도 모자랄 판에, 불평불만이 많은 엄마는 만나고 나면 기 빨리고 도움이 안 되더군요.

그리고 내 아이와 그쪽 아이가 잘 맞고 잘 노는 성향인지 관찰합니다. 아이들끼리 성향이 잘 맞아야 부모 쪽 관계도 원활하게 유지

됩니다. 아이들끼리 부딪치고 안 맞으면 처음에는 참고 맞춰 주다가 나중에는 결국 아이들의 싸움이 어른들의 싸움으로 번지게 됩니다. 처음부터 이 관계 자체가 아이를 위해 형성된 관계이기 때문입니다. 아이에게 도움은커녕 스트레스만 되는 관계라면 깨질 수밖에 없겠지요. 물론 어느 정도의 갈등과 화해를 반복하는 것은 사회성을 배워나가는 과정으로 볼 수 있지만, 지나치게 자꾸 부딪치고 싸움이 잦다면 맞지 않는 성향끼리 억지로 붙여놓고 사이좋게 지내라고 강요하는 겁니다. 그렇게 되면 처음에는 섭섭해도 참다가 어느 순간 결정적인 계기로 터져서 엄마 싸움, 아빠 싸움으로 번질 것이 뻔하기 때문에, 학교가 아닌 다른 곳에서까지 일부러 사적인 자리를 만들 필요는 없습니다.

또한 교육 철학이 어느 정도 비슷한지도 봅니다. 육아와 교육 철학은 부모 자신의 인생철학과 연결되어 있습니다. 부모가 추구하는 가치관에 따라 교육의 방향이 결정되는 것이므로, 교육 철학은 결국 세상을 바라보는 시각 그 자체라고도 할 수 있습니다. 따라서 교육 철학이 비슷한 사람끼리는 비슷한 생각을 공유할 수 있어 서로에게 힘이 됩니다. 반대로 교육관이 서로 안 맞으면 갈등이 생길 수 있습니다. 부부간에도 교육관이 안 맞으면 부부싸움을 할 수도 있듯이 다른 부모 간에도 마찬가지입니다. 따라서 교육 철학이 비슷한 사람을 만나는 게 좋습니다. 그렇다면 학부모님의 교육 철학은 어떻게 키우는 것이 좋을까요?

　먼저 평소에 육아 관련 책도 열심히 읽고, 질 좋은 육아 콘텐츠를 찾아보면서 육아에 대한 지식을 쌓아나가세요. 시대적 흐름을 파악함과 동시에 내 아이의 특징을 면밀하게 알고 있으면, 자연스럽게 나만의 교육 철학이 생깁니다. '아, 우리 애는 이렇게 키워야겠구나!', '다른 집은 이렇게 키우네. 요즘 시대가 그래서 그런가 봐. 저런 면은 우리 집에도 적용해 봐야겠다.', '저런 방식은 우리 집 상황과는 맞지 않는 것 같아. 우리 집에 맞게 바꿔 시도해 보고 안 되면 저건 포기해야겠다.' 하는 나름의 기준이 생기지요. 그렇게 내 교육 철학을 바탕으로 아이를 키우다 보면 자연스럽게 친분을 쌓아도 괜찮을 학부모를 알아보는 눈이 생깁니다. 그렇게 내 기준부터 바로 세운 뒤에 마음 맞는 학부모를 사귀세요.

✤ 학군이 좋은 곳으로 이사를 가야 하나요? ✤

맹모삼천지교(孟母三遷之教)라는 말이 있습니다. 자녀 교육을 위하여 초등학교 때부터 교육 환경이 좋은 곳으로 이사를 가야 하는 걸까요?

전국의 모든 공립초등학교와 교사의 수준은 같습니다. 몇몇 사립초등학교를 제외하고 전국의 초등학교는 똑같은 국가교육 과정을 따르며 교사들은 모두 초등 임용 고시라는 동일한 시험을 통과한 공무원입니다. 또한 공립 초등학교 교사들은 4~5년마다 순환제 근무를 합니다. 결국 전교 학생 수가 10명 정도인 시골 분교의 초등학생이나 전교 학생 수가 1,000명이 넘는 도시의 초등학생이나 같은 교육을 받습니다.

그런데도 학군을 고민하신다면 그것은 그 외의 요소 때문일 것입니다. 예를 들면 학군의 경제적·사회적 수준, 학생들의 생활 태도, 교우 관계, 결손가정의 비율, 지역의 분위기, 양질의 학원 유무, 돌봄교실이나 방과후학교 수용 여부 등을 고려해야 합니다.

서울에서 제주까지 다양한 지역의 여러 학교를 두루 경험해 본현직 교사이자 초등학생 아이를 둔 학부모로서 드릴 수 있는 조언은, 아이의 타고난 기질과 특성 및 가정 상황을 종합적으로 고려하여 결정하면 된다고 말하고 싶습니다. 초등학교는 아직 입시의 압박에서 자유로운 시기이므로 우리 가족 구성원 모두가 마음이 편안한 곳에서 안정적으로 생활하시면 됩니다.

예를 들어 우리 아이가 아빠와의 정서적 관계가 돈독하다면 군이 기러기 가족이 될 필요 없이 아빠 직장과 가까운 곳으로 자리를 잡는 겁니다. 또 다른 예로 우리 아이가 유독 주변 친구의 영향을 많이 받고 친구 따라 행동하는 성향이 강하다면 어느 정도 면학 분위기가 잘 조성된 지역에 가는 게 좋겠지요. 반대로 친구보다는 자기만의 세계에서 충분한 시간을 혼자 즐기는 것을 좋아한다면 시골과 같이 사람이 적고 자연 친화적인 곳에서 여유 있는 시간과 장소를 마련해 주는 것도 좋습니다.

좋은 학군만을 맹목적으로 따지는 것보다, 아이의 기질과 특성 그리고 가정과 지역 사회에서 느끼는 정서적 안정감이 더욱 중요합니다. 나와 우리 가족이 마음 편하면서도 필요한 혜택을 적절하게 누릴 만한 곳을 심사숙고해서 결정해 보세요.

학구도안내서비스

우리 집 주소를 근거로 내 아이가 가게 될 학교가 어디인지 궁금하다면? 학구도안내서비스 사이트에 접속해서 확인해 보세요. 주소를 입력하면 어느 학교에 배치되는지 알려 줍니다. 또 학교명으로 검색하면 어디까지가 이 학교의 학구 범위인지도 알려 줍니다.

❖학부모회 활동, 하는 게 좋을까요?❖

학부모가 참여할 수 있는 조직은 여러 개가 있는데, 가장 대표적인 학교운영위원회와 학부모회를 중심으로 설명해 드리겠습니다.

먼저 학교운영위원회는 학부모뿐만 아니라 지역 사회의 인사, 교장, 교사까지 각계각층의 사람들이 한데 모여 학교 경영과 각종 사업 추진을 심의하고 자문하는 조직입니다. 올해 사업 계획, 학교 행사 추진, 예산 편성, 검정 교과서 선정 등 다양한 학교 경영 관련 활동을 추진할 때는 학교운영위원회의 심의를 거치게 되어 있습니다. 따라서 학교에서 중대한 업무를 진행할 때마다 이 사업의 방향이 올바른지, 학교에 유익한지 살펴볼 수 있는 조직이므로 학교운영위원회의 위원이 된다면 학교 경영과 각종 추진 사업에 대해 매우 자세히 알 수 있다는 장점이 있습니다. 학부모 위원이 기존 모집 인원을 초과할 경우에는 선거를 진행하고 당선되어야 활동을 할 수 있습니다.

다음으로 학부모회는 학부모로만 구성된 단체입니다. 학부모들끼리 모여 학교 교육 전반에 대한 의견을 모으기도 하고, 학교 행사나 관련 사업에 참여하여 원활한 진행에 도움을 주는 조직입니다. 학부모들로만 구성되어 있기 때문에 좀 더 편안한 분위기에서 학교 행사나 사업 진행에 도움을 주어 아이들에게 교육적 혜택이 돌아가는 보람을 느낄 수 있다는 장점이 있습니다. 학교 화단에 꽃 심기,

잡초 뽑기부터 시작해서 진로 축제나 운동회와 같은 행사에 열심히 참여해서 도움을 주시고 세팅이나 정리 정돈, 청소, 아이들 안전 관리 등을 합니다. 활동에 참여하는 학부모님들이 많으면 행사가 차질 없이 진행되고 선생님들도 학생 관리가 한결 수월해지며 아이들도 즐겁게 행사에 참여할 수 있으니 이점이 많습니다.

그 밖에 학부모 자율 동아리를 결성하여 활동을 하는 방법도 있습니다. 학부모 간에 취미나 관심사를 중심으로 동아리를 결성하여 활동하는 것입니다. 공예, 예술, 건강, 생태 환경, 학습 등 자유 주제로 결성하여 활동할 수 있습니다. 학부모 동아리를 원활하게 할 수 있도록 지역 교육청에서 예산을 지원해 주기도 합니다. 이 조직 또한 아이들에게 도움을 주는 교육적인 활동 내용이 포함됩니다.

최근에는 독서 동아리가 가장 활성화되어 있는 편입니다. 학교 도서관에서 아이들에게 그림책을 읽어 주기도 하고, 학부모들끼리 독서 토론을 할 수도 있으며, 전문가를 초빙하여 강연을 듣기도 합니다. 이렇듯 비슷한 취미나 관심사를 가진 학부모들끼리 만나면 공통의 주제가 있기 때문에 좀 더 심도 있는 대화와 토론을 할 수 있습니다. 또한, 교육적으로 도움이 되는 여러 가지 활동을 할 수 있어 보람차기도 합니다. 이런 방식으로 도움이 필요한 곳에 참여하고 학교 일에 협조하면 내 아이는 물론 우리 학교의 모든 아이들에게 좋은 경험을 제공할 수 있습니다. 이처럼 보람되고 다수의 아이들에게 좋은 영향력을 주는 일이 또 어디 있을까요? 그렇게 학교에 기여하는 부모님을 본 아이는 얼마나 뿌듯하고 좋을까요? 학부모회가 필수 활동은 아니지만 학교 교육 활동에 좀 더 적극적으로 참여하여 보람을 느끼고 싶다면, 한 번쯤 학부모회 활동을 해 볼 것을 추천해 드립니다.